U0937119

我们时代的神经症人格

[美]卡伦·霍尼/著　林　薮/译

天津出版传媒集团
天津人民出版社

图书在版编目（CIP）数据

我们时代的神经症人格 /（美）卡伦·霍尼著；林薮译. — 天津：天津人民出版社，2017.8（2019.7 重印）

ISBN 978-7-201-12328-8

Ⅰ. ①我… Ⅱ. ①卡… ②林… Ⅲ. ①病态心理学—研究 Ⅳ. ① B846

中国版本图书馆 CIP 数据核字 (2017) 第 215641 号

我们时代的神经症人格

WOMEN SHIDAI DE SHENJINGZHENG RENGE

[美] 卡伦·霍尼　著　　林　薮　译

出　　版　天津人民出版社
出 版 人　刘　庆
地　　址　天津市和平区西康路 35 号康岳大厦
邮政编码　300051
邮购电话　（010）84827588
网　　址　http://www.tjrmcbs.com
电子信箱　reader@tjrmcbs.com

总 策 划　刘志则
责任编辑　郭晓雪
封面设计　严春艳
策划编辑　大　惑

制版印刷　艺堂印刷（天津）有限公司
经　　销　新华书店
开　　本　880mm × 1230mm　1/32
印　　张　8.5
字　　数　180 千字
版次印次　2017 年 8 月第 1 版　2019 年 7 月第 3 次印刷
定　　价　39.80 元

译者序 | The translator sequence

在西方现代学术思想中，卡伦·霍尼有着极为重要的贡献。她以弗洛伊德的精神分析理论为基础，建立了自己的新精神分析学说，发现了文化环境对个人经验的影响，并以此为基础，在自己的学术著作中提出了许多发人深省的问题。例如，在我们的文化中，什么样的情绪是正常反应，什么样是不正常的。

卡伦·霍尼的著作甚丰，《精神分析的新方法》《自我分析》《我们内心的冲突》《神经症与人的成长》等作品在精神分析学说领域有着举足轻重的影响。但作为她阐述个人学术思想的第一部著作，《我们时代的神经症人格》不但有着重要的学术理论，而且处处闪耀着人文关怀。

在这本书中，通过对神经症人格的分析，以及对神经症病人缺乏自信、怀疑他人、对环境充满忧虑与不安等情绪的案例剖析，我们不仅能看到自己内心的冲突，看到文化本身带给我们个人的影响，更看到神经症病人所面对的困境和为此付出的巨大代价。

诚然，这是一部学术色彩较强的作品，但它的文字背后带给我们的却是对普罗大众一种深层次的关怀，以及对社会文化之下一切人格特征的关注。正是这种关注，让我们透过这本学术著作，体验到了悲悯与关怀，反思与宽容。正如作者所言，“在神经症病人和正常人之间不可能划出一条明确的界限”，但也正是这种“不可能”，让我们看到了人与人之间更多的可能性，在焦虑、冲突、迷失、和解之后，我们会看到有一种更深的爱的显现。

在现代社会的快节奏中，读这样一本能让人动容的学术著作，或多或少都会感受到一种流动的温暖，而这也正是我们翻译这本心理学著作的初衷。

这本书的翻译过程耗时很长，因为愈是对“神经症人格”有深入的了解，愈是觉得这本著作对当下人们的帮助极大，下笔也就愈是谨慎。但由于能力有限，书中可能会出现一些疏漏，还望读者朋友予以指正。

序　言 | Preface

我之所以写这样一本书，是想把我们时代的神经症病人准确地刻画出来，将实际推动他们的内心冲突、他们的焦虑、他们的痛苦，以及他们在个人生活和与他人交往中遇到的所有障碍呈现出来。我不打算在这本书中讨论某些特殊类型的神经症，因为这本书的主要目的是集中讨论我们时代所有神经症病人共同的性格结构。

我重点关注的是：实际存在的冲突，以及神经症病人为解决这些冲突而做出的努力；实际存在的焦虑，以及他们为对抗这些焦虑而建立起的防御机制。我如此强调实际处境，并不意味着摒弃了“神经症形成于童年时代的早期经验”这一观点。但与许多精神分析专家不同的是，我不想只关注童年时代，把病人之后的反应看成是童年经验的重复。我认为，童年时期的经验与病人的内心冲突之间关系的复杂，远超过了精神分析专家的设想。这些精神分析专家只看到了一种简单的因果关系，但实际上，童年时期的经验尽管是神经症的决定性条件，却不是后来那些心理障碍形成的唯一原因。

当我们重点关注那些实际的精神障碍时会发现：神经症不仅可以由偶然的个人经验造成，也可以由我们生活其中的特殊文化环境造成。事实上，文化环境不仅强调了个人经验，也使它们变得多样，而且从根本上决定了它们的特殊形式。例如，究竟是拥有一位独断专行的母亲还是拥有一位具有自我牺牲精神的母亲，这是一个人的个人命运；但发现这些母亲的专断或自我牺牲精神却需要特定的文化环境。并且，也正因为这些文化条件的存在，这些经验才会对此人今后的生活产生影响。

当充分了解了文化环境的影响对神经症有多重要后，被弗洛伊德视为神经症根源的生物因素和生理因素，就立刻退却到了背后。只有在分析了大量精确的事实材料后，它们的影响才能被考虑进来。

这种思考方向让我对神经症中的许多基本问题有了新的解释。尽管这些解释针对各种问题（例如受虐狂问题，爱的病态需要的内涵，病态犯罪感的意义等），但它们却具有一个共同的基础，即强调焦虑对产生病态性格的倾向起着决定性作用。

由于我的许多解释都与弗洛伊德的观点相悖，一些读者可能会问，这还算得上是精神分析吗？这要看你如何理解精神分析中最根本的东西，如果你认为精神分析就是弗洛伊德提出的整套理论，那么，我所说的这一切就算不上是精神分析；但如果你认为精神分析的根本是某些基本思路，目的在于解析无意识过程的作用和这一过程的表现方式，并且在心理治疗时将这些潜伏的过程提升到意识层面，那么，我的这些理论就属于精神分析。我相信唯弗洛伊德的所有理论是瞻，容易导致我们在所有神经症中只发现弗洛伊德理论希望我们发现的那些东西，这种泥古不化、墨守成规的做法是危险的。弗洛伊德的伟大成就，更需要的是我们继续巩固他奠定的基础，这样我们才能共同完成精神分析的未来使命，这样精神分析才能既是治疗实践又是理论方法。

这种观点也同时回答了另一种可能会被提出的问题，即我的理论是否和阿德勒的理论类似。确实，我在某些观点上与阿德勒曾强调过的那些理论略微相似，但从根本上讲，我的理论是建立在弗洛伊德奠定的基础上的。事实上，阿德勒的理论恰恰证明：如果不根据弗洛伊德的基本发现，只是进行片面的探索，即使对心理过程的观察充满了创造性，最终也无法摆脱枯燥乏味。

这本书的主要目的并不是为了强调我与其他精神分析专家的分歧，因此，从整体上看，本书涉及的争论仅限于我与弗洛伊德有着重大分歧的那些问题。

我在这里所提及的，就是我对神经症进行长期精神分析后所得到的。假如把我的理论所依据的材料全部一一列举出来，这本书就要容纳非常多的详细病例；但本书的主旨是对神经症问题进行概括介绍，这样做既显冗赘又没太大意义。而且，即使没有这些材料，读者也同样可以检验我结论的正确性。他如果善于观察，只要将我的假设与他的经验进行比较，就能对我所说的一切予以评判。

本书的语言通俗晓畅，为了使条理清晰，我尽量避免过多地讨论细枝末节。同时，我也尽量避免使用专业术语，因为这类术语常常会打断清晰的阅读思路。这或许会让许多读者，尤其是不懂心理学的人，认为神经症人格的问题是一个非常简单易懂的问题。这种看法是错误的，甚至很危险。我们必须要看清，一切心理问题必定都是复杂而微妙的，如果不牢记这一事实，那最好还是不要读这本书，否则你会发现越读你越糊涂，并且还会因为找不到现成的公式而感到异常失望。

这本书，不但有兴趣的外行人可以看，那些跟神经症病人经常接触的专业人员也可以看，当然，这些人对本书提到的各种问题都很熟悉。他们不仅包括精神病专家、教师、社会工作人员，还包括那些开始意识到心理因素在不同文化研究中具有重大意义的人类学家和社会学家。此外，我希望神经症病人本人也能从这本书中得到什么。如果神经症病人并不把心理学看成是对自己的冒犯而加以排斥，那他就比那些健康人还能深切地领略到心理的错综复杂。但遗憾的是，仅仅靠阅读这一行为，并不能治愈他的疾病、让他摆脱自身的处境。他在阅读时，可能更容易在书中看到别人的影子而不是自己的。

借此机会，我想对伊丽莎白·托德女士表示感谢。至于那些我心怀感激的作家，我已经在书中提到。而对于弗洛伊德，我要表示最大的感谢，因为是他为我们的工作奠定了基础、提供了工具。对于我的病人，我一样也要致以最大的谢意，因为正是我们共同的合作，才有了我对他们的这些深刻了解。

目　录 | Contents

第一章

神经症的文化与心理内涵

我们时代的神经症人格

The neurotic personality of our time

如今，“神经症”一词已经被运用得很随意。一般情况下，我们不过是用它来批评某些行为，例如，以前我们会说某人懒惰、敏感、贪婪或多疑，而现在我们则会直接用“神经症”这个词来形容他，同时也借此炫耀一下自己的博学。然而，真的追究起来，其实我们并不知道这个词的确切含义。不过，即使这样，我们在使用这个词的时候还是会意有所指，会不自觉地运用某些标准来决定使用这个词的对象。

首先，神经症病人对待事物的反应就明显与普通人不同。假如一个姑娘，她在公司里总是安于现状，不求上进，对薪资没有任何奢求，也不打算和上司同事保持步调一致，那么她很容易被大家归结到神经症中去。再比如，有这么一位艺术家，他的收入很微薄，每周只有三十块钱。其实只要他愿意去工作，就可以挣到更多的钱，但是他却安于微薄的收入，沉溺于自己的嗜好和卖弄一些雕虫小技上，甚至宁愿花大把的时间与女人厮混、享受人生，也不去努力挣更多的钱。面对这种人，我们通常都会说他一句“神经症”，因为他的生活方式不是我们所熟知的。我们所熟知的生活方式只有一种，那就是努力去征服世界，赶超他人，去谋取远远超过生存所需的物质和金钱。

由此可见，我们称一个人是神经症时所依据的标准，就是看他的生活方式是否和我们一样，是否符合这个时代所公认的行为模式。但是，如果那个没有上进心（至少在我们看来没有明显的竞争欲）的姑娘离开我们，到某个普韦布洛 (Pueblo) 印第安文化中去生活，那么她就完全不会被说成是神经症了；同样，如果那位收入微薄的艺术家是在意大利南部一个小村子里，或者是墨西哥生活的话，那么他也会被认为是一个完全正常的人。因为在我说的这些环境中，人们普遍认为，除了满足生存必需的需求之外，根本没必要再去谋求更多的金钱，也用不着花费更大的努力。如果我们再追溯得更远一些就会发现，在古希腊，为了获取远超自己需要的物质而拼命工作的态度，绝对会被认为是卑贱的。

因此神经症一词虽然来源于医学术语，但在使用中却无可避免地会带有文化内涵。我们可以在对病人的文化背景毫不知情的情况下，来诊断他的腿部骨折；但如果我们在同样状况下，把一个声称自己拥有种种幻觉，并且还深信这些幻觉的印第安少年诊断为神经症病人的话，那就是在冒险了。因为在印第安人的特殊文化中，一个人能产生幻觉会被认为是天赋异禀，是神灵赐予的福祉。而拥有如此禀赋的人，会得到人们的敬重，并享有某种特权。虽然在我们的文化背景中，若有人声称自己曾与已故的祖父长时间交谈，一定会被认为是神经症；但在某些印第安部落里，这种与祖先对话的行为却是受到公众认可的，是人们所公认的行为模式。

在我们的文化中，一个人如果因为别人提到了自己已故亲属的名字而大发雷霆，那我们一定会认为这个人是神经症；但在基卡里拉·阿巴切 (Jicarilla Apache) 文化中，这种人和他的行为却被认为是完全正常的。在我们的文化中，一个男人如果因为碰触到了经期中的女人而深感恐惧，那他无疑会被我们认为是神经症；然而在许多原始部落中，避讳月经原本就是一种司空见惯的态度和行为。

至于什么是正常，什么是不正常，这类判断不仅会因文化的不同而产生巨大差异，而且随着时间的变迁，同一文化中也会发生巨大的改变。现今，一位成熟而独立的女性，如果仅仅因为自己曾有过性关系，就认为自己是一个“堕落的女人”“不配被高贵的人爱”，那她一定会被人们怀疑是神经不正常。然而不必太远，仅仅在 40 年前，人们则会认为这种罪恶感是她本就应该有的心理反应。正常与不正常还会因社会阶级的不同而产生差异，例如，对于封建阶级来说，男人只有在狩猎和征战时才施展才能，其他时间里什么也不干才是十分正常的事情；然而对于小资产阶级来说，这种行为简直难以理解，而且非常不正常。此外，对正常与不正常的判断还会因性别的不同而不同。在西方文化中，一个临近 40 岁的女人如果对衰老变得敏感甚至是恐惧，会被认为是“正常的”；而这种现象一旦发生在某个男人身上则会被认为是神经症。

受过教育的人或多或少都知道，这个世界的各种文化中所谓的正常，有着千差万别的变化。我们知道中国人的饮食习惯和我们很不一样，知道因纽特人的清洁观念与我们大相径庭，也知道古代的巫医治疗病人的方法同现代医生有着天壤之别；但我们却很少意识到，除了在风俗习惯上，人类在欲望情感上也有着极大的不同和差异。如今，人类学家已经意识到这一点，并直接或间接地向人们宣布过这一观点。萨丕尔就说过：现代人类学的功绩之一，就在于不断地发现并刷新着“正常人”的内涵。

每一种文化都有充足的理由坚信，只有它自己的情感和欲望才是“人性”的正常表现。在心理学中，这种观点也可见一斑。例如，弗洛伊德就曾通过观察，得出女人比男人更容易嫉妒的结论，之后他甚至尝试着为这种假设性的普遍现象寻找生物学方面的依据①。他甚至还假定所有的人都曾通过想象体验过“谋杀”的犯罪感，但事实上，人们对待杀人的态度是千差万别的。例如，彼得·弗洛伊琴(Peter Freuchen)就曾指出，因纽特人就不觉得杀人者必须受到惩罚。在许多原始部落中，当家庭中的某个成员被外来人杀

①在弗洛伊德的论文《两性间生理解剖的不同所造成的一些心理后果》中，弗洛伊德提出，生理解剖上的性别差异，不可避免地会导致女孩子嫉妒男孩子拥有阴茎。在成长过程中，女孩子希望得到阴茎的愿望渐渐转变为得到一个具有阴茎的男人。此时，她开始嫉妒其他女人与男人之间的关系，嫉妒她们拥有男人，犹如当初嫉妒男孩子拥有阴茎一样。弗洛伊德是在时代压力之下提出这些观点的，然而这种对全部人类的人性概括，仅仅来源于他对一定区域的人类的观察。

人类学家不会质疑弗洛伊德的观察是否正确，他们只会将它看作是对特定时期特定区域里有限群体的观察。但他们会质疑他结论的正确性，因为，人们对待嫉妒的态度存在很大的差异性。有的民族，男人比女人更容易嫉妒；有的民族，无论男女都普遍缺乏嫉妒心；还有的民族，无论男女都非常容易产生嫉妒。以此为依据，人类学家不仅会反对弗洛伊德，甚至会反对任何把观察建立在生理解剖学上的人。他们会强调对生活环境差异的考察，强调这些差异对男女产生嫉妒的影响。例如，弗洛伊德的结论虽然符合我们时代女性神经症的情形，但在相同文化中，这一结论是否也符合正常女性。我们必须这样追问，因为那些一天到晚都和神经症打交道的精神分析学家，越来越无法看到，我们文化中同样存在正常人。还有，我们必须追问，嫉妒心和占有欲的产生需要什么样的心理环境？在我们的文化中，男女生活环境存在什么样的差异？这些差异又对嫉妒心的不同产生了什么样的影响？

害后，外来人不一定会被治罪，他可以选择其他途径来补偿这个家庭。在某些文化中，儿子被人杀死后，悲痛的母亲甚至可以把凶手收为义子以此来抚慰受伤的心。

如果对人类学上的发现运用得再深入一些，那我们将不得不承认，我们有关人性的某些看法是十分简单而天真的。比如，我们总认为竞争、兄弟不和、夫妻恩爱是人性使然，但这种看法是没有任何依据的。关于什么是“正常”，完全取决于社会认同的行为和情感标准，这标准左右着我们对“正常”的判断，并且随着文化、时代、阶级、性别的不同而产生很大的差异。

这些现象对心理学来说是一种挑战，它会动摇人们对心理学万能的信任，虽然我们的文化和其他文化之间存在着某些类似，但我们却不能因为这些类似就轻易断定这两种文化是起于同一源头，产生于同一动机。因此，想通过新的心理学发现揭示出人性中固有的、普遍存在的倾向，这种想法是行不通的。关于这些，社会学家早就断言：事实上并不存在适用于一切人的、“正常”的心理学。然而，这些局限的存在也有一定意义，它能使我们对人性有更多的理解。

上述人类学现象的基本内涵是，我们所在的生活环境，以及交织在一起的文化环境和个体环境，决定了我们的情感和态度。反过来，既然意识到文化环境对我们的影响，那么这也意味着，我们所谓的正常情感和正常心态也具有特殊性。同样，既然认识到神经症不过是对正常行为模式的一种偏离 (deviation)，我们对神经症的理解也就有可能更好。

如此一来，我们一方面还要继续走弗洛伊德走过的路。在这条路上，弗洛伊德曾对神经症做出过一种理解，即虽然人类的怪癖受天生的生物性驱动，是与生俱来的，但同时如果我们未能详细了解个人的生活环境，特别是他童年时代情感上的种种决定性影响，我们就不可能理解他的神经症。弗洛伊德曾多次在理论上和实践中强调这一观点，但这种理解迄今为止未被认真对待过。如果我们用这一原则来分析正常的或病态的人格结构，那就意味着：我们如果未能详细了解某一特殊文化对个人所发生的种种影响，就不可能理解个人的人格结构。①

而另一方面，我们必须在弗洛伊德的发现上，再向前迈进一步以超越他。因为在某些方面，弗洛伊德虽然已经远远超越了他所在的时代，但在另外一些方面，尤其是在精神特性的生物性起源这一方面，他太过注重了，并且深受他所在时代的影响。他曾这样设想：我们文化中常见的本能驱力或对象关系是由生物性决定了的“人性”，或者是来源于各种无法改变的情境，例如，生物学上特定的“前生殖器”阶段、俄狄浦斯情结，等等。

① 许多学者都曾认识到，文化因素对心理状况有着决定性影响，并且这种影响极为重要。在德语精神分析文献中，弗洛姆的《基督教教义的形成》首先提供和完善了这种研究方法。之后，其他人，如威廉 · 赖希、奥托 · 芬尼切尔也采用了这种方法。在美国，最早注意到神经症必须要考虑文化内涵的是沙利文。用这种方法对待神经症问题的精神病学家还有阿道夫 · 麦耶尔、威廉 · A. 怀特、威廉 · A. 赫利、奥古斯塔 · 布朗纳等人。近年来，精神分析医生 F. 亚力克山大和 A. 卡尔蒂纳等人，也对心理问题的文化内涵产生了极大的兴趣。社会学家中对这一观点感兴趣的，主要是 H.D. 拉斯威尔和约翰 · 多拉尔德。

对文化这一因素的忽略，不仅导致弗洛伊德得出了许多存在偏差的概括和结论，也极大地妨碍了我们对那些影响了态度和行为的真正力量的理解。我认为，正是因为完全遵循弗洛伊德的理论，不敢有丝毫违背，才使得精神分析一直忽视文化因素的重要性，从而导致精神分析出现了弊端，致使它表面看起来潜力无穷，实际上却已穷途末路，只能靠长篇大论和深奥晦涩的术语来撑场面。

至此，我们已经明白，神经症只是偏离了正常的行为模式。然而，这个标准虽然极为重要，但用于判断神经症时却并不充分。一个人或许会偏离普遍的行为方式，但不一定就是真正的神经症病人。我在前面提到过的那位艺术家，他之所以拒绝花费更多的时间去挣更多的钱，可能是由于神经症引起，但也有可能只是因为他不想让自己卷入竞争中去。相反，有很多人，虽然看上去极为适应现有的、普遍的生活方式，但事实上却可能患有严重的神经症。在这种情况下，心理学和医学的帮助是必需的。

但有些怪异的是，仅用这种观点是难以说明神经症的内涵的。只要我们把目光仅仅投注在表面现象上，我们就难以探索出所有神经症的共同特征。很明显，我们也不可能把各种症状表现当作衡量标准，例如，惊恐不安、抑郁沮丧、机能性生理失调，等等。因为并不是所有神经症都会出现这些症状。

不过，几乎所有神经症都存在某种抑制作用 (inhibition)，这些抑制作用会通过伪装把自己藏起来，只有非常细微地表现，这样我们如果只进行表面的观察就难以发现它们。假如我们只是依据表面现象就去判断一个人的人际关系或者性关系是否正常，我们同样会遇到上面的困难。因为观察提取到这些现象倒不是难事，难的是如何去鉴别分析它们。不过，虽然人们对有关人格结构的知识了解并不多，但他们却仍然可以看出一切神经症病人身上常见的两种特征：一是反应方式的固执，二是潜能与实现发生脱节。

下面，我要对这两种特征做进一步的解释。所谓的反应方式的固执，就是说面对不同情境时，神经症病人缺乏一种灵活的反应方式，他们很难对不同的情境做出不同的反应。比如说，正常人也会产生疑心，但那是因为外在事物让他们感到有可疑之处，或者他们有自己的理由去这样做；然而神经症病人可能时时处处没有任何缘由地处于疑虑状态——无论他是否意识到自己正处于这一状态。

正常人很容易就能辨别出他人的恭维到底是出于真心，还是来自假意迎合；而神经症病人却会不分场合、不分是非对错地怀疑或否认所有恭维。正常人遭遇欺骗之后，常常会义愤填膺；而神经症病人面对任何谎言——即使是善意的都可能会产生愤怒，哪怕他知道这些谎言是在维护他，他也会很愤怒。正常人时常会因为事情很重大而难以下决断，而神经症病人却可能会在任何时候对任何事情都变得犹豫不决。

不过，只有在偏离文化模式的时候，才能说固执是神经症的表现。在西方的文明进程中，大多数农民在面对一切不了解的新鲜事物时，都显得疑虑重重、异常固执，但这是十分正常的事情。同样，资产阶级极度固执地推崇勤奋节俭也被认为是一种正常的态度。

同样，一个人的潜能和他在现实生活中取得的成就有一定差距或者脱节的话，有可能是外在因素使然，与他个人并没有关系。但是，如果一个人有足够的天赋，又具备非常有利的外部条件，却最终一事无成；或者，他虽然拥有一切得天独厚的条件，但却不能从中感到一丝幸福；又或者，一个女人有着无双的美貌，却依旧觉得自己无法吸引男人；那么，这些悬殊的差距和脱节就足以看作是神经症表现了。换句话说，神经症病人常常觉得阻挡他道路的人就是他自己。

我们如果能抛开表面现象，直接深入到产生神经症的真正动机中去，就会发现，所有神经症的产生都源于共同的基本因素——焦虑，以及为了压制焦虑而产生的防御机制。无论神经症病人有着多么复杂多面的人格结构，神经症的产生和持续都是以焦虑为驱动力。在接下来的几章中，我将对此做进一步阐释，在此我就不详细举例了。不过，为了让刚刚了解这些的人不至于有太大偏差，我还要再多补充一点。

显然，上面的说法过于宽泛。焦虑或恐惧——我们暂且将这两个词先放置在一起使用，以及为了抑制焦虑而建立起来的防御机制随处可见。不是只有人类才会产生这些反应，动物在遇到危险、受到恐吓时也会反击或逃跑，相同情况下，我们也会采取这些防御办法。为了避免雷电袭击，我们在房子上安装避雷针；为了降低意外事故对我们造成伤害，我们会去买保险。这些行为都隐含着恐惧和防御因素。事实上，在每一种文化中都包含着恐惧和防御因素，甚至这些因素会以制度的形式展现出来，譬如，出于对未知危险的恐惧，有些地方的人们会佩戴护身符，由于惧怕死后的人来侵扰而用隆重的葬礼来安葬他，为了避免与经期的女人接触而制定种种禁忌以躲避灾祸。

当我们看到以上种种类似情形时，会不自觉地做出一种在逻辑上有误的推论：既然恐惧和防御是神经症的基本特征与因素，那么我们为什么不把已经形成制度的防御措施——正如上面我们举到的那些例子——称为“文化的神经症”呢？

这一推论的谬误是，尽管两种现象所具有的因素是相同的，但这两种现象却不一定相同，就像我们不能把一座用石头造的房屋称为石头一样。那么，病态人格的恐惧和防御措施与文化大众防御制度有什么不同，它的本质特征又是什么？病态人格的恐惧是不是就是一种想象性的恐惧？不，它不是，因为我们同样可以称对死者的恐惧也为想象性恐惧。这依旧不能从根本上让我们区分开两者，我们依然不得其解。那么，它们的区别是不是在于，病态的恐惧是没有根源的，神经症病人根本就不知道为什么要害怕？不是，因为原始居民也同样不知道为什么要害怕死去的人。很明显，两者的区别不在于他们是否知道自己在恐惧，也不在于他们是否理性化的对待恐惧，而是在于以下两种因素。

首先，任何一种文化生活环境都会存在某些恐惧。不管这些恐惧产生的根源何在，它们都有可能被外在危险（例如来源于大自然或敌人的威胁）、社会关系表现形式（例如因为强制、压迫、挫折所激起的仇恨）、文化传统（例如，对鬼魂的敬畏、对触犯禁忌产生的恐惧）所引发。在遇到这些情况时，不同的人表现出的恐惧程度也不一样，但没有人可以逃避，因为这是我们所在的文化强加在我们身上的。而神经症病人不但要承担文化加载在每一个人身上的恐惧，而且还要因为个人生活环境的差异，去承担一些偏离文化模式的恐惧，这些恐惧种类多样，在质与量上与文化模式的恐惧存在很大不同。

其次，存在于文化环境中的种种恐惧大多会有相应的保护制度，例如，各种禁忌、仪式、风俗等，这些制度在一定程度上消解了人们的恐惧。而一般情况下，依照这些保护制度建立起的防御措施，要远比神经症病人建立的防御措施轻松、经济。因此，正常人虽然不能摆脱文化带给他的恐惧，也无法脱离相应的防御措施，但却能在这种情况下依然发挥出最大的潜能，抓住生活带来的种种机遇。消极一点看，他所遭受的痛苦并不会比文化环境带给他的那些多。然而，神经症病人却不可避免地要承受超越正常人的痛苦，而他的防御措施需要更高的代价来维系，他的生机和活力因此也会受到极大的束缚和损害，这最终会导致我在文章开端提到的差距和脱节。

毫无疑问，神经症病人是一个受苦的人。我在讨论神经症外在的共同特征时，并没有提起这一点，就是因为我们不一定能通过表面现象观察到这一点。神经症病人自己甚至都不一定能意识到他正在遭受苦难。

在讲恐惧和防御措施的过程中，加入如此多的有关神经症性质的讨论，恐怕会引起读者极大的不满。为此，我需要替自己辩解一下。

首先，心理现象是很复杂的，即使它表面看上去很简单，我们分析后得出的答案也绝不会是它看上去的那样简单；其次，我们在一开始遭遇到的困境，在之后的所有问题中我们也将面临，这个困境将贯穿全书。

事实上，我们难以正确地去描述定位神经症，就是因为我们不能单纯仅用心理学工具或者是社会学工具去获得这个答案；我们必须把这两个工具都用上。而实际操作中，我们是先使用其中一种，然后再使用另一种。如果我们只是通过心理结构和动力学来观察神经症，那我们就不得不定义什么是“正常人”，就不得不弄出一个实际不存在的“正常人”来；而一旦我们离开自己的文化国界，脱离与自己文化相似的环境，在定义“正常人”方面，就必然会遇到更大的麻烦。

另外，如果我们只是运用社会学这一工具来观察和定义神经症，仅仅把它看成是一种对社会大众普遍行为模式的偏离，那么我们就又把有关神经症的心理特征忽略了；而且，不管是哪个国家、哪个学派的精神病医生，都绝对不会赞同用这种方式来诊断神经症病人。而将这两种工具混合在一起交替使用，会使我们的观察方法既顾及神经症病人外在的异常表现，又考虑到其内在的心理变化异常，同时又不会把其中任何一种异常草率地看成是决定性的因素。

所以，这两种方法必须结合起来。一般情况下，我们把恐惧和防御看成是神经症的内在动力之一，但同时，我们也要考虑到，它在数量和性质上也偏离了其所在文化中必然带有的恐惧与防御措施，只有这些都同时具备才能确定病人患有神经症。这就是我们要采取的观察方法。

除此之外，我们不得不沿着上面提到的方向再深入下去，因为神经症还有一个很基本的特征，那就是——存在冲突倾向。然而，无论是冲突倾向的存在，还是它所引发的病症，神经症病人自己对此是无知无觉的，他只是不自觉地去寻求妥协和解决办法。

弗洛伊德就曾以各种形式强调过病人不自觉这一特征，并指出它是构成神经症必不可少的因素。然而，不管是冲突的内容，还是对冲突的无意识，都不能把神经症病人的冲突与同种文化中必然存在的冲突区分开。因为，神经症病人的冲突和同种文化必然存在的冲突，在这两方面有可能是完全相同的。而将两者区分开的是这样一个事实：这些冲突发生在神经症病人身上时，会变得更突出更紧张。面对这些冲突，神经症病人总会努力想要达到某种妥协，而他为了妥协所采取的解决办法，与我们所谓的正常人所采取的方式相比，显得非常不同。这种解决办法不仅不能得到满意的结果，甚至还会损伤人格的完整性，在我们看来很病态。

现在，将上面所有的推论综合起来考量一下，你会发现我们仍然无法给神经症下一个准确全面的定义。不过通过以上分析，我们现在至少能这样来描述它一番：神经症是一种由恐惧和对抗这些恐惧的防御措施，以及为了缓和内心冲突努力寻求妥协时导致的心理紊乱。并且，通过外在观察可以看出，只有当这种心理紊乱与文化中普遍存在的共有行为模式发生极大偏离时，我们才能称之为神经症。

第二章

为何谈起“我们时代的神经症人格”

我们时代的神经症人格

The neurotic personality of our time

由于我们把关注点一直放在神经症影响人格的方式上，因此我们的研究也就局限在了两个方向上。首先，是情境神经症（situation neuroses），这种神经症的人格并没有遭遇过损伤，也没有因为受到伤害而变得扭曲，他们之所以会形成一种病态的反应模式，仅仅是因为所在的外在环境出现了冲突。这些特殊的冲突导致他们产生了短暂的不适应，但他们的人格并没有显示出病态。因此，情境神经症并不是我们现在的关注点，等我们对某些基本心理过程的性质探讨完后，再回过头来粗略地分析一下这种较为简单的情境神经症的结构。我们现在的关注点主要是性格神经症（character neuroses），这种神经症所显现出来的症状可能与情境神经症完全相同，但它们的紊乱主要源于性格变态[1]。它们常常在童年时期就已经形成，而且难以被发现。在漫长的潜伏中，它们多多少少都会影响病人人格的各部分。表面看来，性格神经症可能是由病人面临的外在情境冲突导致的，但只要我们认真研究一下这些神经症的病史就会发现：其实早在这些困境对其产生影

① 对于如何称谓那些缺乏临床症状的神经症，弗兰茨 · 亚历克山大曾建议用性格神经症这一术语，但我认为这一术语难以确立，因为通常有无临床症状与神经症的性质毫无关联。

响之前，那些病态的神经症特征就已经存在了；而且此时的这些困境，很大程度上也正是由那些早已存在的人格障碍引发的。甚至，对一般健康人没有什么影响的情境，往往也能引起神经症病人的某些变态反应。因此，这些情境只不过揭示了早已潜伏多时的神经症而已。

其次，神经症的症状并不是我们的关注点，最能引起我们注意的是神经症病人的变态性格本身；因为人格的变态是维持神经症并反复诱发神经症的动力，而临床观察到的那些症状有时可能会变动不定或完全不会发生。以文化视角来看，性格也远比症状重要，因为人的性格会影响人的行为，而症状则不会。现在，我们已经对神经症的结构有了更多的了解，从而可以认识到，只是针对症状进行治疗并不一定能治好神经症，那么精神分析的关注点自然也就会从针对症状开始转变为针对性格变态了。我可以打个较为形象的比方：神经症表现出症状就像是火山爆发，但那些症状并不是火山本身，真正的火山本身是导致神经症发生的那些冲突，而那些冲突总是一直潜伏在病人的内心深处，极难被本人发现。

有了上面提到的这些限制，我们现在或许可以这样问：当今的神经症病人究竟是否具有某些共同的特点，而这些共同的特点可以使我们总结出一种“我们时代的神经症人格”？

实际上，不同类型的神经症所表现出的性格变态虽然有很多相似，但这些性格变态的不同要远比它们的相似更令人印象深刻。

例如，癔症型人格就与强迫型人格完全不同，但我们注意到的这些不同只是机制上的，通俗一点说，它们的不同源于两种不同的性格紊乱采取了不同的表现方式和解决方式。癔症型人格通常表现出很强烈的投射（projection）倾向，而强迫型人格则通常是将冲突理智化（intellectualization）。而另一方面，我所谓的神经症的共同性，并不在于冲突的表现方式，而在于冲突本身所包含的内容。更准确地说，我所谓的共同特点主要来源于那些促使个人失常的内在冲突，而那些导致病人心理紊乱的经验与此几乎毫无关系。

要把这些动力及其分支流脉阐述清楚，就不能缺少一个先决条件。弗洛伊德和大多数精神分析专家，在精神分析过程中，都极为看重对性冲动（例如特殊的性感区）根源的揭示或对重复发生的幼儿模式的发现。尽管我认为要想对神经症有一个全面的理解，追溯病人的童年环境是必须的；但我觉得片面地运用发生学原理，是不可能将问题搞清楚的。因为，这样做会让我们忽略掉那些实际存在的各种无意识倾向，忽略掉他们的功能，以及他们与其他倾向（例如各种冲动、恐惧和防御措施）之间的相互影响。而只有对这种功能性的理解有帮助时，发生学的原理才能派上用场。

以此为基础，在分析了不同年龄、气质、兴趣，以及来自不同社会阶层，不同类型的神经症人格后，我发现，推动所有神经症的中心冲突及其相互关系大体上是相同的①。并且通过对正常

① 强调相同之处并不代表我们就忽略了对神经症进行科学分类。正好相反，神经病理学对各种心理失调，对它们的起因、特殊结构以及它们的奇特表现等，都作出了清晰的界定，而且效果显著。

人和当代文学作品中的人物进行分析和观察，我在精神分析过程中获得的这些实践经验又得到了进一步的验证。如果将神经症病人心理困扰的虚幻性去除掉，那么我们就会发现：他们的心理困扰与正常人的心理困扰除了在程度上存在差异之外，并没有什么不同。竞争、恐惧失败、害怕孤独、不信任他人或自己，等等这些问题，并不仅仅发生在神经症病人身上，我们大多数人也都要面对。

一般情况下，某种文化下的大众都会面对同样的一些问题，由此可见，这些问题是由该文化下的特殊生活环境造成的。而其他文化中的动力和冲突与我们文化中的动力和冲突存在很大差异，所以，我们不能把这些问题概括为“人性”中的共同问题。

因此，我所谓的“我们时代的神经症人格”，指的不仅仅是所有的神经症病人都有着共同的基本特征，而且还意味着这些基本特征本质上是由我们时代和文化中的各种困境造成的。接下来，我将用我已有的社会学知识，来尽可能地解释一下这些心理冲突究竟是由什么样的文化困境造成的。

关于文化与神经症之间的关系，我所做的假设还需要人类学家和精神病医生共同来检验。精神病医生不仅应该研究神经症在特定文化中的表现，例如，以形式为标准，去研究神经症的发生概率、严重性和类型；而且还应该从引发神经症的冲突入手去研究它们。人类学家则应该从文化结构会给人造成什么样的心理困境入手去研究这种文化。所有这些基本冲突都可以通过表面观察而把握到，而所谓的表面观察是指，好的观察者可以不借助精神分析的工具，就能从他熟悉的人身上发现这些冲突，例如他自己、朋友、亲人、同事等。接下来，我要简单分析一下这种可以通过观察就能发现的现象。

通过直接观察，我们就能发现的那些态度大致可以分为以下几类：1. 给予和获得爱的态度；2. 自我评价的态度；3. 自我肯定的态度；4. 攻击性；5. 性欲。

关于第一种态度，我们时代的神经症病人的主导倾向是，过分依赖他人的赞赏或爱。每个人都希望得到他人的喜爱和赞赏，然而神经症病人对爱和赞赏的依赖，以及他们赋予爱和赞赏的意义与正常人极不相同。神经症病人身上有一种对爱和赞赏的极度渴望，以致他们完全忽略了当事人的感受，更不会去考量当事人的评价究竟对他们有没有意义。神经症病人通常是难以意识到自己的这种渴望的，但是，当他们无法得到自己想要的关心、关注时，这种渴望就会使他们表现得过分敏感。例如，如果有人没有理会他们的邀请，或者很长时间没有来电问候他们，甚至是在某个问题上没有支持他们的意见，他们就会因此而受到伤害。不过，有时他们也会以“我不在乎”这种态度来隐藏起自己的在意与敏感。

更严重的是，他们自己对爱的渴求与自身感受爱或付出爱的能力存在着很大落差。通常情况下，他们虽然十分想要得到爱，但他们自己却异常缺乏对他人的关心与体谅。这种矛盾不一定会展现出来，例如，神经症病人有时会表现得异常想要帮助或体谅他人，但我们不难发现，他们的这种行为并非出于自愿，而是带有一定的强迫性。这种对他人的依赖，事实上是一种内心缺乏安全感的表现。

通过表面观察，我们在神经症病人身上发现的第二个特征就是，内在的不安全感。这种不安全感必然的标志是自卑感和不满足感，它们往往有多种表现方式，例如，病人会毫无依据地认为自己无能、愚蠢、缺乏魅力。有时我们会看到，有些异常聪慧的人反而觉得自己非常愚蠢，或者一个无比美丽的女人却认为自己并没有什么吸引力。这种自卑感会让他们表现出一副自怨自艾、忧心忡忡的样子；或者会让他们把可能不存在的缺陷当成必然现实，然后在上面浪费掉大把时间和心思。除此之外还有另一种情况，那就是，他们也可能会掩藏起自己的自卑感，然后以一种夸张的自我补偿需要，表现出对“出风头”的偏爱，然后通过获得我们文化中肯定的东西来赢得尊敬，以此引起他人和自己的重视。例如，过分地追求金钱、古画收藏，偏爱老式家具、女人，好与社会名流交往，痴迷旅游、优越知识等。这两种情况往往有一种会表现得较为突出，但通常情况下，人们会觉得这两种倾向同时存在。

关于第三种态度——自我肯定，它常常与各种明显的抑制（inhibitions）有关。而我所谓的自我肯定，指的是一种肯定自己或自己想法的行动，不包含任何不正当的欲望、追求。在这方面，神经症病人会大量地抑制自己。他们抑制自己表达愿望或要求，抑制自己做对自身有利的事情，抑制自己发表意见、批评或命令他人，抑制自己结交想结交的人，甚至抑制自己与他人的正常接触，等等。当然，神经症病人也会抑制自己坚持个人立场。他们常常没有办法躲开别人的攻击，即使不愿意顺从他人的意愿，他们也无法明确表示反对。

例如，当销售人员向他强力推销某种他根本不想买的东西时，或者有人邀请他去参加某个晚会，或者某个女人表示想与他做爱时，他都无力提出反对意见。此外，神经症病人对于弄清楚自己究竟想要什么也存在种种抑制倾向，他们总是难以做出决定，即使在表达涉及个人利益的愿望时，也会显得很胆怯。他们通常会把这些愿望隐藏起来，我的一个朋友在自己的手账中，就把“看电影”记录在“教育”栏里，把“酒类”记录在“健康”栏里。最后，缺乏计划能力也是他们的一个最重要的特征。不管是旅行，还是对未来生活的安排，神经症病人惯有的表现就是随波逐流，即使在职业规划或婚姻选择这类重大问题上，他们也无法做出自己的决断，毫无主见是他们的一贯表现。在生活中，自己究竟需要什么，神经症病人也并不明确，他们仅仅是被病态的恐惧所推动，例如，因为害怕贫穷而拼命聚敛钱财，因害怕承担创造性工作而频繁追求异性等。

第四种障碍——与攻击性有关的态度。与自我肯定正相反，其行动充满了反对、攻击、贬低、侵犯他人，或者其行为是各种形式的敌对。这种类型的人格障碍有两种完全不同的表现方式。一种充满攻击性，表现出喜欢支配、挑剔、欺骗别人。这种人偶尔会意识到自己的攻击倾向，但大多数情况下他们是察觉不到这一点的，甚至还会认为他们这样做只是在真诚地表达自己的意见。即使他们的表现非常蛮横、不讲道理，他们也会认为自己是很谦恭有礼的。不过，这种障碍的另一种表现却与此大相径庭。通过表面观察就能看出，具有另一种表现的人很容易就会感到自己被骗、被管制、被责怪，觉得自己受到了不公正的待遇或处于屈辱的地位。这些人同样意识不到自己的病态心理，反而认为是整个世界在跟他们做对，打压他们。

第五种障碍——性生活方面的怪癖，大致可分两类，一类是对性行为的强迫需要，一类是与之相反的抑制倾向。在得到性满足之前的任何阶段，抑制倾向都有可能出现。这表现为禁止自己接触异性，压抑自己追求异性的渴望，甚至厌恶性机能和性欢愉等方面。以上描述的种种反常，也可能会表现在性心态上。

上面的这些障碍还可以解释得更详细，但我就不在此一一赘述了，因为后面我将对它们进行进一步的讨论。事实上，我们必须对这些障碍进行动力过程考察，因为这样才能更好地理解它们。而当明白了它们的动力过程之后，我们就会发现，这些表面看起来缺乏逻辑关系的障碍，其实在结构上存在着很大关联。

第三章

焦　虑

我们时代的神经症人格

The neurotic personality of our time

在对当下的神经症作更细致的探讨前，我要先将第一章留下的问题解决掉，那就是把焦虑的确切含义解释清楚。这是必须的，正如我前面提到的那样，焦虑是神经症的动力中枢，我们在任何情况下都躲不开它。

之前我曾将焦虑和恐惧等同看待，以此说明两者之间的紧密联系。然而事实上，焦虑和恐惧都是在面对危险时所产生的情绪反应，并且都或多或少地伴有各种形式的生理反应，例如，颤抖、出冷汗、心跳加速等。这些生理反应可能异常强烈，甚至能使面对极度恐惧的人死亡。

不过，焦虑和恐惧之间还是有差别的。只是因为自己孩子患有轻微感冒或是身上出了些丘疹，母亲就害怕自己的子女会死，我们把这种反应称为焦虑；但如果孩子确实患有重疾，母亲因此感到害怕时，我们则称之为恐惧。又如，一个人每当站在高处，或者每当和人讨论自己擅长的论题时就会感到害怕，我们称之为焦虑；但如果迷失在深山老林中，又遇上狂风暴雨，那他感到害怕时，我们则称之为恐惧。至此，对于恐惧和焦虑，我们便能作出简单明确的区分了：恐惧是人们对自己必须面对的危险作出的应有的反应，而焦虑则是在面对危险，甚至是想象中的危险时显现出的不相称的反应[①]。

但这种区分方式是有缺陷的，即要判断一种反应是否恰当，就必须以特定文化下的基本常识为依据。但即使依据这些基本常识断定某种情绪没根没据，神经症病人依旧能为自己的行为毫不费力地找出一个合理的行为依据。事实上，如果我们告诉神经症病人，他害怕受到疯狂的精神错乱者的攻击是源于他自己的病态焦虑，那我们必然会遭遇一场无休止的争论。神经症病人会十分肯定地告诉你，他的恐惧是有根据的，而且还会列举出一个个已经在实际中发生的事例来证明给你看。通常，有些人会觉得原始土著的某种恐惧，是一种对现实危险不相称的反应，但这些土著却固执地认为自己是对的。例如，一个部落严禁人们食用某种动物，而在因缘巧合下，这个部落的某个土著不小心吃了这种动物的肉，那么这个土著一定会非常恐惧害怕。但从局外人和旁观者的角度来看，我们会觉得这种恐惧是迷信的、没有根据的、不恰当的。但如果你深入了解了这种信念的文化内涵，你就会发现，对于那个土著人来说，这种行为意味着他自身或他狩猎之地受到了污染，他的部落也将因此而遭受灾难或疾病的惩罚，对于他来说这确实是一种实际存在的危险。

① 在《精神分析新引论》一书中，弗洛伊德通过《焦虑与本能生活》一章，也对“客观的”和“病态的”焦虑作出了类似的区分，并且称“客观的”焦虑为“对危险的明智反应”。

不过，这种由原始土著文化引发的焦虑，与生活在我们文化中的神经症病人的病态焦虑是不同的，神经症病人的病态焦虑与群体信念无关。但不管哪种焦虑，一旦我们弄清楚了其意义，就会自然而然地推翻所谓的不恰当反应这个结论。例如，有些人对死亡一直无法释怀、异常焦虑；但另一方面，这种痛苦又致使他们对死亡有一种潜在的渴望。而对死亡的恐惧与渴望，致使神经症病人产生一种危险迫在眉睫时特有的体会与领悟。如果我们掌握了所有这些恐惧产生的因素，那我们只能认为他们对死亡的焦虑是有理由、有根据的。例如，以一个简单事例来说，当人们靠近悬崖边缘，或站在高楼窗边，或立于大桥上时，通常都会感到很恐惧。此处的道理也是如此，表面看来，这种恐惧反应并不恰当，但事实上，这种境况却能引起人们对生存愿望与死亡诱惑（一种莫名其妙想跳下去的冲动）的考量，两者互相搏斗，从而使得人们内心充满冲突，以致产生焦虑。

以上这些都表明，我们对焦虑的定义需要做一些修改。恐惧与焦虑都是对危险的恰当反应，但致使恐惧产生的危险是明显的、客观的、外在的，而引起焦虑的危险则是隐晦的、主观的、内在的。也就是说，焦虑的强弱与情境对人的影响成正比，但为什么焦虑，神经症病人自己几乎是不知道的。

这样区分恐惧和焦虑，最大的意义就在于，这能让我们明白，试图用劝说的方式让神经症病人放弃焦虑是没有任何效用的。神经症病人的焦虑情绪并不是由现实生活中实际存在的危险引起的，而是由他内心感受到的处境引发的。因此，努力发现某些处境对神经症病人的具体意义，才是心理治疗的主要任务。

经过一番探讨，我们已经说明了焦虑的意思，现在我们要做的是进一步弄清焦虑所发挥的作用。在我们的文化中，一般人很难意识到焦虑在自己的生活中究竟有多重要。一般情况下，人们大多只能回忆起童年时代的一些焦虑，或者是为数不多的令人感到焦虑的梦，或者是面对日常生活秩序之外的某些境况产生过的一些担忧，例如，将要与一位大人物作重要交谈之前，或者将要考试之前等。

但在研究了神经症病人之后，我们搜集到的有关这一点的资料却参差不齐。有些神经症病人是能够清楚地意识到自己正在饱受焦虑之苦，而且这焦虑还有着变化不定的表现方式：它或者以一种弥漫性焦虑的方式，显示出焦虑症的发作；或者依附在某个特定的处境或活动上发生，例如似乎可以由置身高楼、大街或公共场合时产生，或者也可以更具体明确些，例如担心精神失常、患上癌症，或者怀疑自己误吞了异物等。还有一些神经症病人，虽然他们意识到自己有时候被焦虑困扰，并且这焦虑有时候会被外在条件激发，有时候则不是，但不管怎样，他们并不重视那些外在条件。最后，还有一些神经症病人仅仅发觉自己有些压抑、自卑，或者性生活紊乱，以及其他一些与此类似的情况，但他们并没有意识到自己有什么焦虑情绪。不过，经过进一步观察研究之后，我们往往会发现：他们自己最初的表述是缺乏准确性的。在表层意识下，他们往往隐藏着和第一种病人同样多的焦虑，或许是更多。精神分析会促使这些神经症病人意识到潜藏在内心的焦虑，这会使他们回忆起曾经令他们感到焦虑的梦或处境。即使这样，他们自己承认的焦虑也没有超出正常范围。这说明，我们可能身陷焦虑，而自己却几乎没有察觉。

这一理解并没有完全揭示出焦虑问题的全部意义，它只是这个庞大问题的一部分。人们关于爱、愤怒、怀疑等的感受是非常短暂的，这使得它们还没进入我们的意识就已经被我们忘却。这些瞬间消逝的感受之间可能毫无关联，但在其背后却可能潜藏着巨大的动力。我们对一种感受的感知程度，并不能说明这种感受的强弱和重要性[①]。也就是说，我们不仅可能意识不到自己的焦虑，同时还可能意识不到这些焦虑影响甚至决定了我们的生活。

实际上，我们似乎在竭尽全力避免焦虑或避免感知焦虑。这样做有许多理由，最常见的理由是：严重的焦虑是最折磨人的情绪。据那些经历过重度焦虑的病人说，他们宁愿死也不想再遭受这样的痛苦。除此之外，焦虑中包含的某些情感因素，对于个人来说也是难以忍受的，彻底的无能为力就是难以忍受的因素之一。在面临外在的艰险时，一个人可以依旧斗志昂扬、生机勃勃，但若是处于焦虑中，那他就会感到毫无办法、完全束手无策，并且觉得事实就是如此。而对于那些把权力、地位、控制置于首位的人来说，承认自己无能为力是一件完全无法忍受的事情。他们憎恨这种感受，因为这让他们体会到自己的反应和自己的理想过于不对等，好像证实了他们是懦弱无能的人。

① 此处不过是对弗洛伊德发现的无意识理论的重要性进行阐释和发挥。

焦虑情绪中包含的另外一种因素是显而易见的非理性。允许非理性控制自己，这对某些人来说简直无法忍受。这些人内心会隐隐感觉到自己在被自身非理性的异己力量吞没，或者在生活中，他们已经有意识地把自己锻炼成严格服从理性的人，所以他们坚决不会自觉接纳非理性因素。除了个人动机外，后一种反应还涉及文化因素，因为我们的文化也极力推崇理性思维和理智行为，贬抑一切非理性的或是类似非理性的东西，把它们视为低级之物。

在一定程度上，焦虑情绪所包含的最后一种因素与这点也息息相关。通过非理性特质，焦虑会含蓄地提示我们自身已经有什么地方出了问题。事实上，这是一种提示我们彻底审视自己的警报。但这并不是说，我们会自觉地、有意识地把它视作警报，而是说不管我们愿不愿意正视，它都已经是一种暗藏的警报了。没有人会喜欢这种警报，甚至我们最反感的就是意识到自己必须改变某些态度。一个人一旦意识到自己正深陷恐惧与防御机制的混乱中，他越是觉得自己束手无策，就越坚信自己在所有事物上是正确的、完美的，从而也就越排斥任何暗示——即便是委婉含蓄的暗示。这些人不承认自己出了什么问题，更不认为自己有改变态度的必要。

在我们的文化中，通过自欺掩盖焦虑的方式有四种：一、将焦虑合理化；二、不承认焦虑；三、麻醉自己；四、对所有可能引起焦虑的思想、情感、冲动和处境尽量躲避。

第一种方式——将焦虑合理化。这种方式实际上是把焦虑转变为合理的恐惧，并以此为借口来逃避责任。倘若我们对这种转变的心理价值视而不见，那我们就会认为，这种转变并没有实质性的改变，没有多大意义。就像一位母亲不管她承认自己是在焦虑，还是觉得自己是在恰当地恐惧，实际情况都是她在担心自己的子女。但是，我们的实验屡次证明，倘若告诉这位母亲，她的反应不是合情合理的恐惧而是焦虑，而且暗示她，这种焦虑源于不恰当地看待危险，实际上包含着很多个人因素。那么她就会不遗余力地反驳你，想尽办法让你明白是你错了：还在幼儿时玛丽不就得过这种传染病吗？约尼不就是因为爬树把腿摔断了吗？前不久不就有人用糖果拐骗孩子吗？她这样担心不就是因为太爱自己的孩子，想对他们负责任吗？

无论什么时候，只要有人为自己的非理性态度采取强烈辩护，那我们就可以肯定，对于这个人来说这种辩护有着某种极为重要的功能。那位母亲的情绪如此强烈，她不但不会觉得自己是因为无能为力才有这种情绪，反而觉得正是因为自己有能力做点什么才会如此；她不但不会承认自己软弱，反而还自豪地认为自己的行为准则很高尚；她不但不会认为自己的情绪受了非理性因素的影响，反而还会觉得自己的反应就是正确的、合理的；她不但不会意识到某些警告，从而改变自己的态度，反而还会坚决地把自己的责任转嫁给外部事物，以此避免面对真实的内心动机。然而最终，她会为这些暂时的逃避付出沉重代价，使自己永远无法排解掉心中的真实忧虑。更重要的是，她的孩子也会因此受到牵连，付出代价，而她自己是完全意识不到这些的，事实上，她自己也不想意识到这些。她在内心深处始终抱有幻想，那就是，她以为自己可以在不改变态度的情况下也能得到改变带来的益处。

所有把焦虑当成正当恐惧的倾向——不管是对分娩的恐惧、对疾病的恐惧、对饮食失调的恐惧、对天灾人祸的恐惧，还是对贫穷的恐惧，都适用以上原则。

逃避焦虑的第二种方式——否认焦虑的存在。事实上，否认焦虑的存在，也就是在意识中把焦虑完全否定掉，这样做根本不能真正化解焦虑。这种情况下，恐惧或焦虑会以伴随的生理现象表现出来，例如颤抖、流汗、心跳加速、窒息、尿频、呕吐、腹泻，等等。精神方面则会有焦躁不安、易冲动，或迟钝、呆滞、麻木等的现象出现。当我们真的害怕，并意识到自己害怕时，以上的这些感觉和生理现象或许都会出现在我们身上。又或者，当焦虑被完全抑制之后，这些感觉和生理现象是焦虑唯一的外在表现。在后面这种情况下，病人自己意识到的可能只有这些外在的生理表象，例如，在某些情境中，他总是忍不住要频繁地小便；在火车上，他总是头晕目眩还呕吐；又或者，在夜间他有时候会盗汗，等等。但所有这些表现，大多数情况下是没有生理原因的。

但是，我们也可能会在意识到焦虑后又自觉地否认焦虑，并妄想以这种方式战胜焦虑。这与正常水平下发生的情况很类似，就好像面对恐惧时，将其完全置之度外，以达到消除恐惧的目的。众所周知的一个例子便是，当一个士兵在遇到危险时，会以英勇无畏的行为来战胜恐惧。

同样，神经症病人也可以自觉地做出某些决定来克服他的焦虑。例如，一个女孩子，在青春期之前，一直忍受着焦虑的折磨，她尤其担心自己会遇到强盗，但她却自觉地压制了这种情绪，忽视了焦虑的存在，独自一人睡在阁楼上，或者独自穿过阴暗无人的空屋子。在做精神分析时，她讲了一个梦，梦中有很多十分可怕的情境，但她都勇敢地面对了。其中之一就是，在夜里，花园中传来脚步声，她走出大门，站在阳台上大声问道："谁在那儿？"这样，她成功战胜了自己的恐惧。但这并没有消除引发她焦虑的内在因素，因此由焦虑引起的其他后果也就没有随之消失。所以，她依旧胆小内向，总觉得自己不被人接纳、喜欢，这使她一直无法静下心来安稳地进行任何建设性的工作。

神经症病人通常对此并不自觉，这个过程经常是自动进行的。然而，神经症病人与正常人的区别，并不在于下决定时有多自觉，而在于这个决定导致的结果怎样。神经症病人拼尽全力得到的全部结果，也不过是把焦虑的那些特殊表现消除掉，就如同那个女孩消除自己对强盗的恐惧一样。这种结果不仅可能具有一定实用性，也可能在增强自尊心方面具有心理价值，所以我不想忽略或者低估它。但通常情况下，这种结果会被过分高估，因此我也有必要提一提它的消极面。[1]实际上，这一结果不仅没有丝毫改变人格的基本动力结构，并且一旦内在紊乱显现出的表征消失，病人也就同时丧失了解决紊乱的有力动力。

① 弗洛伊德曾反复强调：症状的消失，并不是疾病治愈的充分标志。

对于神经症病人来说，像这样倾全力克制焦虑的行为，通常对他们发挥了极大的作用，而且还不易被正确地认识到。例如，在一些特定的情形中，很多神经症病人常常会表现出极强的攻击倾向，而通常情况下，这种攻击倾向会被认为是在直接表达敌意；但事实上，这很可能是神经症病人感觉自己受到了攻击，想尽办法想要克服自己内心胆怯的表现。也许外在世界确实存在敌意，但神经症病人往往会夸大自己感受到的攻击，并受焦虑激发想要战胜自己的胆怯。倘若我们不了解这些，就会把神经症病人的这种鲁莽行为，错认为是真的攻击危险。

缓和焦虑的第三种方式是麻醉自己。这可以通过明目张胆地酗酒或服用药物，或采用之间没有任何关联的其他方式来达到。其中一种方式是，为了避免对孤独的恐惧，神经症病人会积极投身到社会活动中去。不管他们是完全意识到了这种恐惧，还是隐隐感觉到了一些不安，这种方式都不可能将神经症病人的真实处境改变。另一种方式是，沉浸在工作中，通过拼命地工作来麻醉自己缓解焦虑。这些可以从强迫自己工作，以及节假日休息时变得烦躁不安中窥探到。此外，神经症病人还可以通过不正常的睡眠量来达到麻醉自己的目的，即使这种过量睡眠通常并不能更好地消除疲劳。最后，性行为也可能被用来当作缓解焦虑的疏导“阀门”。人们很早就发现，焦虑可以导致强迫性手淫，但却没意识到，焦虑也可以引起各种形式的性关系。主要以性的方式来消除焦虑的人，如果没有得到性满足，哪怕是片刻的满足，他们都会变得焦躁不安、冲动易怒。

将一切可能引起焦虑的环境、思想和感受规避掉，是避免焦虑的第四种方式，也是所有方式中，屏蔽焦虑最彻底的一种。就像因为害怕而避免潜水和登山一样，它可以是一种自觉选择。更准确些的表达就是，一个人可以主动觉察到内心的焦虑并有意识地避免它。不过，同样的，他也可以只是模糊地感觉到，甚至根本意识不到焦虑的存在，或者无法意识到自己选用的逃避焦虑的方式。例如，他会在丝毫没有意识到的情况下，用拖延时间、久久不下决定的方式来躲避那些与焦虑有关的事情，例如，拖延看医生，久久不回信等。或者，他可以摆出一副毫不在意的姿态，来面对那些事实上他极为关注的事情，例如参加讨论、对雇员发号施令、与他人断绝关系等。或者，他还可以装作自己不喜欢做某些事情来避免焦虑。例如，就像一个姑娘，因为害怕在晚会上受到冷落而拒绝参加晚会，并且还通过某些说辞来使自己相信，自己本来就不喜欢社交活动。

如果我们再深入了解一下这种逃避倾向，注意一下它自动发挥效用的地方，我们就会发现一种抑制状态。不能做、不能感受、难以思考某些事情就是抑制状态，这种状态的作用就是避免由于做某些事情而引发焦虑。这种情况下，人们难以自觉意识到任何焦虑，也没能力凭借自觉的努力来克服抑制状态。抑制状态通常会在癔症型功能丧失中表现出来，而且表现形式十分奇特，例如，癔症型失明、癔症型失语，或者癔症型肢体瘫痪。在性领域中，抑制状态的表现是性冷淡或阳痿，当然这些性抑制状态的结构很可能十分复杂。在精神领域中，抑制状态的表现通常是难以集中注意力，难以形成或表达自己的意见，不愿接触他人等。这些抑制现象都是人们熟知的。

如果我们将各种各样的抑制状态一一列举出来，那将要花去这本书数页的篇幅。虽然这样做能让读者更全面地了解抑制状态的形式和发生频率，但我觉得，把这个工作留给读者，让读者自己来理清他对这方面的观察也无妨。因为，在当今这个时期，抑制作用对读者来说已经不陌生，而且，如果抑制作用一旦充分展现出来，是非常容易被人辨认出来的。尽管如此，意识到抑制的存在必须具备的那些先决条件，我们还需要简单考察一下。不然的话，我们就会低估抑制作用发生的频率。因为，抑制的存在虽然很普遍，但在一般情况下，我们几乎意识不到它的存在。

首先，我们要先意识到自己想要做某件事情，然后才能意识到自己做这件事的能力不够。例如，只有我们先意识到自己对什么有野心，然后才能意识到在这方面我们存在哪些抑制。有读者会问，我自己的愿望难道我自己不清楚吗？事实上，我们的确不是很清楚自己想要什么。例如，假设一个人正在听人们读一篇论文，在听的过程中，他对这篇论文产生了一些批评意见。这时，他身上的抑制作用如果很微弱，他就会萌生胆怯，羞于将自己的不同意见表达出来；但如果抑制作用很强烈，他就会难以将自己的思想组织起来，最终只能在讨论会结束后或第二天早上，才初步形成自己的批评意见。抑制产生的作用甚至还可以更强烈，强烈到令人无法形成任何意见。在这种情况下，假设这个人并不同意他人的意见，他也可能会盲目地接受了这个人所说的一切，甚至还显得十分赞同。换言之，如果某种抑制作用足够强大,强大到使我们无法实现自己的愿望和冲动，那么我们也根本无法注意到这种抑制作用的存在。

其次，当抑制作用在个人生活中行使重要职能时，阻碍我们注意到抑制作用的第二种因素就会产生很大作用。这时，这个人宁愿坚信事实就是如此，也不会承认这是抑制作用引发的结果。例如，假设一个人身上存在一种严重的焦虑，这种焦虑与工作的竞争性相关，导致他在尝试了各种工作之后，依旧疲于应付，那么最终这个人可能会认为是自己能力不够，无法胜任任何工作。通过这一想法，他保护了自己，使自己免于工作。倘若，他承认自己无法工作是由抑制作用引起的，那他就不得不再次回到工作岗位上，去感受焦虑带来的恐惧。

第三种可能性使得我们将视线落在了文化因素上。当个人的抑制状态与文化提倡的抑制形式相符，与现存的意识形态相合，那么，个人也许根本就无法意识到这种抑制作用了。例如，一个神经症病人，因严重的抑制倾向而不敢靠近女人，如果他以女性神圣这一文化观念来反观自己的行为，那他就不可能意识到自己身上的抑制状态。再比如，谦虚是一种美德，在这一文化观念下，很容易产生一种不敢有所求的抑制倾向。我们可能不敢对政治、宗教中占统治地位的观念或教条持任何批判意见，从而我们也无法意识到这些教条在我们身上产生的抑制作用，那我们也就无从谈起自己身上存在着的与害怕受惩罚、被孤立有关的焦虑。当然，我们必须仔细地理清各种个人因素之后，才能正确地判断出这种情形是否存在。因为，缺乏批判思想并不一定就与抑制作用有关，或许这只是因为思想存在惰性，或者是由于愚昧，甚或是个人完全相信那些占统治地位的教条。

这三种因素中的任何一种，都可以使我们无法发现抑制作用的存在，甚至连经验丰富的精神分析医生也败在了这些因素上。不过，即使我们能发现所有的抑制作用，我们对抑制作用发生的频率依旧可能低估了。因此，我们不得不把所有的反应都算进去，尽管这些反应还不能完全被认定为抑制作用，但我们已经在认定的途中。我们内心或许觉得我们仍然能够实现某些事情，但与这些事情相关的焦虑，却始终影响着我们的行动。

首先，参与那些让我们感到焦虑的活动，会让我们感到紧张、疲劳甚至是能量衰竭。例如，我的一个病人，正在尝试摆脱上街的焦虑。每当星期天上街，她都会精疲力尽，但在承担繁重的家务时，就没有这种感觉。由此我们可以判断，她上街产生的疲劳感并不是由体质衰弱引起的。事实上，许多被认为是由工作过度引起的机体障碍，其实不一定与工作本身有关，它可能是由与这种工作有关的焦虑，或是与同事关系有关的焦虑引起的。

其次，与某种活动有关的焦虑，会损害与这种活动相关的功能。例如，某种与发号施令有关的焦虑，会导致病人发布的那些命令含有歉意，甚至会导致命令发布出来没有任何作用；而如果一种焦虑与骑马有关，那这种焦虑会使人无法驾驭马匹。然而，对这种情形的自觉程度是不一样的。一个人可以察觉到某种焦虑使他不能满意地完成某项工作，或者，他只是隐隐地感觉到自己无法将某件事情完成得很好。

第三，与某种活动有关的焦虑，会破坏这种活动可能产生的欢愉。但轻微的焦虑并不会产生这种情况，相反甚至会使人获得意外的刺激。例如，在乘坐高速旋转的游乐车时，轻微的焦虑会让你体会到更多的刺激，甚至令你觉得很兴奋；但是，如果这种焦虑情绪异常强烈，你反而会觉得这是一种刑罚，让你痛苦不堪。一种与性有关的焦虑，在很强烈的情况下，会使性关系受到严重影响，而病人一旦意识不到这种焦虑，就会认为性关系本来就毫无趣味。

之前我提到过，厌恶感可以成为避免焦虑的借口，现在，我又说厌恶感是焦虑产生的后果，这可能会使人感到混乱，但事实上，这两种说法都行得通。厌恶感既能成为防止焦虑的手段，又可以是焦虑产生的后果。正因如此，我们才看出解读心理现象是件多么困难的事情。所以，我们只有下定决心仔细观察相互交织在一起的各种作用，才能在心理学知识上取得进步。

我们探讨如何保护自己不受焦虑的困扰，目的并不是想通过这种方法来揭示一切可能的防御机制。事实上，很快我们就能看到避免焦虑产生的方法还有很多，其中一些产生的效果更彻底。我现在主要想证明，人们真正拥有的焦虑可能比他们意识到的要多得多，或者，他们根本意识不到自己患有焦虑；另外，这样做也是为了能使我们找出焦虑的共同之处。

简而言之，生理上的不适感可以将焦虑隐藏起来。例如，心跳加快、疲劳不堪等就可以使我们意识不到自身的焦虑。它也可以藏身于各种看似恰当的恐惧之后，还可以驱使我们借酒浇愁或寻欢作乐。它常常使得我们无法去做或享受某些事情。它还是各种抑制作用的动力因素，但它隐藏在抑制作用背后，让人难以发现。

我们的文化给生活在其中的个人带来了大量的焦虑，因此每个人实际上都有我提到过的防御机制。一个人越病态，防御机制对他的影响就越大，他想不到或是不能做的事情就越多，即使他的生命力、精神状态和所受教育等促使我们对他产生期待，希望他能完成这些事情，但最终也无济于事。神经症越严重，神经症病人的抑制倾向就越多，这些抑制倾向产生的作用就越微妙和巨大。①

① 在《精神分析绪论》中，舒尔茨·亨克曾特别强调过Luecken，即我们在神经症病人人格和生活中发现的“空白和空洞”的重要意义。

第四章

焦虑与敌意

我们时代的神经症人格

The neurotic personality of our time

前面我们讨论了恐惧与焦虑的差异，并得到了第一个结论：焦虑本质上是一种恐惧，这种恐惧与主观因素息息相关。那么，这种主观因素又有什么性质呢？

在此，我们需要先了解一下个人处于焦虑时的经验。当一个人处于焦虑时，他会觉得自己被一种异常强烈的、难以摆脱的危险感所笼罩，而他本人对此束手无策。不管是通过臆想感到对癌症的恐惧，还是实际站在高处感到对高度的病态恐惧，那剧烈的危险感和对危险完全无能为力的感觉，都始终困扰着他。有时候，他觉得这种无能为力的感觉是由外界力量引起的，例如，雷电、癌症、意外事故等所有类似的事物；有时候，他又觉得这种危险的感知仿佛来自他自身无法抑制的冲动，例如，惧怕自己控制不住想往下跳的冲动，惧怕自己控制不住想要杀人的冲动；有时候，这种危险感又是模糊的，令人捉摸不定，就像焦虑症发作时感受到的那样。

但这些感觉并不只是存在于焦虑中，它们还以同样的姿态出现在任何实际的巨大危险中，以及对这种危险完全无能为力的处境中。可以想象，身处地震灾害中的人们，或遭受虐待的孩童，他们产生的主观感受，与身处雷雨而焦虑异常的人没什么不同。但在恐惧的情形下，危险是在现实中存在的，是现实的危险引起了无能为力、毫无办法的感觉；而在焦虑的情形下，危险的感觉是由内在的心理因素引起的，并且带有一定的夸张性，那种不知所措、无能为力的感觉也是由个人自己的态度决定的。

因此，焦虑中主观因素的问题，也可以看成一个更具体更特殊的问题：这种强烈的危险感和对这危险感无能为力的态度，究竟是由什么样的心理环境产生出来的呢？任何一位心理学家都无法避开这个问题。当然，人体内在的化学环境也能产生这种感觉和生理现象，就如同产生兴奋或沉睡一样，但这些反应和现象本质上并不属于心理学问题。

如同解决其他问题一样，在解决这个焦虑问题的过程中，弗洛伊德用他极为重要的发现给我们指出了一个前进的方向，那就是，包含在焦虑中的主观因素源于我们自身的本能驱力，也就是说，焦虑预测的危险，以及由此产生的无能为力感，都是由我们自身冲动的爆发性力量激发的。本章末尾，我将对弗洛伊德的这一见解进行更翔实的探讨，届时我也会指出我的结论与他的有何不同。

从原则上讲，只要发现和执着于某种冲动会损害其他的生存利益和需求，只要这种冲动本身是激烈狂热的、难以遏制的，那么这种冲动就具备激发焦虑的潜在力量。例如，在维多利亚时代，屈服于性冲动是非常危险的。如果一个未婚少女没有约束自己的性冲动，那她就一定会受到良心的谴责和社会给予的耻辱；那些有手淫癖好的人，则要面对阉割的威胁和致命的身体损害，人们会说他患有精神疾病。时至今日，这一点对各种反常的性冲动，像暴露癖、恋童癖等，也同样适用。不过，在当今社会，人们对待“正常的”性冲动已十分宽容，不管是内心认可，还是外在行动，都不会涉及严峻的实际危险。因此，在这方面我们没什么可顾虑的。

这种与性相关的文化态度的变化，很可能导致了以下事实：据我的经验来看，唯有在特殊情况下，这样的性冲动才会成为隐藏在焦虑背后的动力。这样说可能显得有些脱离实际，因为从表面上看，焦虑似乎确实与性欲有关。我们常常会在神经症病人身上发现与性相关的焦虑，或者由焦虑引起的对这方面的抑制。然而，深入分析后可知，这种性冲动通常并不是焦虑的根源，伴随性冲动的敌对冲动才是。例如，实施性行为是为了伤害和侮辱对方等。

事实上，正是这些敌对冲动，构成了引发神经症焦虑的主要根源。我的这种新说法像是从个别正确事例中得出的普遍概括，听上去就觉得不正确。虽然那些事例确实能体现出敌对倾向与焦虑之间存在直接的联系，但是，我的观点依据的并不仅仅是那些事例。只要某种敌对冲动强烈到可以挫败个人的目标，那么这种敌对冲动就可以成为引发焦虑的直接原因，这是众所周知的事情，通过一个例子就可以说明许多类似情况。例如，F先生深爱着M小姐，一天他们在山中徒步旅行，F先生莫名其妙产生的醋意致使他对M小姐心生怨恨。当他们走到悬岩边时，F先生突然深陷焦虑之中。他呼吸沉重、心跳加剧，因为他意识到自己产生了一种想把M小姐推下悬崖的冲动。这种焦虑的结构，与由性欲引起的焦虑完全相同，都是一种无法抗拒的冲动，人一旦被这种冲动打败就会深陷灾厄。

然而大多数情况下，敌意与病态焦虑之间的因果联系并没有多明显。因此，为了说明我们时代的神经症中，造成焦虑的核心心理力量是敌意，我们就必须考察一下由压抑敌意所导致的心理后果。

压抑敌意意味着假装一切正常，这使得人们在本应战斗时，或至少是被我们预估需要战斗时，压制了战斗倾向。这种压抑导致的第一个不可避免的结果就是，由此而产生一种未设防的感觉，或者，说得更准确些，这种压抑强化了原本就已经存在的未设防感。事实上，当个人利益正受到侵犯的时候压抑敌意，就会给他人制造可乘之机。

这种现象在我们日常生活中的表现，可以化学家C的经历为代表。由于超额工作，C患有神经衰弱。他从未意识到自己天赋过人、雄心勃勃，由于某些原因，他压抑了自己的雄心，因此一直显得为人谦和。当他入职一家大型化学公司的实验室时，遇到了年岁稍长、职位略高的G，G对他很友好，也很关照。由于许多个人因素，例如，依赖他人的友情、不敢批判他人、压抑了自己的野心因而也看不出他人身上的野心等，C安然接受了G的友情，并未发觉G除了自己的事业和前途外，不关心任何事情。后来，在一次欢快的交谈中，C把自己一个很有价值但未成熟的想法告诉了G，之后G把这个想法归为己有，还将它写进了自己的学术报告。C得知此事后很惊讶，然而他并没有深究。有一瞬间，C有些怀疑G，但由于他自己的野心激发了他心中强烈的敌意，所以他不仅立刻压抑了这种敌意，同时还把由此产生的怀疑与审慎也一并压抑了下去。因此，他依旧认为G是他最好的朋友，以致当G劝他放弃某项研究时，他仍然觉得G是善意提醒。而当G窃取了C的研究并获得了成果时，C此时也只是认为是自己的天赋和才能远不如G，他甚至还庆幸自己能在工作中结交一个这样有才华的朋友。就这样，由于怀疑和愤怒被抑制，C始终无法发现，在许多至关重要的问题上，自己错把G当成了朋友。由于一直抱着被G喜欢的这种错觉，C便放弃了战斗，不再保护自己的利益。实际上，他根本就没意识到自己至关重要的利益正在被他人侵占，自然，他也就不可能为之战斗，而他人便也堂而皇之地利用他的软弱成功坐收渔利。

除了借助这种压抑作用来克服恐惧之外，人们也可以通过自觉控制敌意来克服。不过，究竟是控制还是压抑恐惧，这是很难被掌控的，因为压抑的过程是反射式的。只有当处境特殊，个人已经意识到自己的敌意难以忍受时，压抑才可能发生。在此情形下，自觉控制也就不存在可能性了。为什么自觉意识到敌意会令人难以忍受呢？最主要的原因就在于：人可以在憎恨某人的同时又爱或需要这个人，他并不愿意承认妒忌或占有欲等是造成敌意的原因，因为在自己身上发现针对他人的敌意是件令人害怕的事情。在此情况下，压抑成了能获得暂时保障最简便最快捷的方式。通过压抑作用，令人感到害怕的敌意从意识中消逝了或者被阻挡在意识之外。换句话说，如果敌意被压抑，人也就根本不会意识到他心中怀有敌意。尽管这个精神分析的见解十分简单，但却极少有人懂得。

然而，从长远角度看，这种快捷地获得保障的方式，并不一定是最安全的。通过压抑作用，敌意——或者为了突出它的动力特征，我们不妨称之为愤怒——确实被逐出了意识层，但它并没有被消除。它只是脱离了个体人格的正常结构，被分裂出来，由此也不再受控制。而作为一种具有高度爆炸性和突发性的情感，它盘结在个人的内心深处并随时等待发泄。也正是由于与人格的其他部分相隔绝，这种情感反而拥有了令人震惊的势力范围，它的爆炸性便也由此而生。

不过，人们一旦意识到敌意的存在，就会从三个方面限制它的势力范围。首先，处境特殊时，人们会通过判断周围的环境来决定自己对敌人或所谓的敌人可以做什么和不能做什么；其次，如果一个人在某些方面令他产生这种愤怒，但在其他方面仍令他崇拜、喜爱或需要，那么这种愤怒最终会被他整合进其他感情中去；最后，只要一个人已经形成了什么是应该做的，什么是不应该做的意识，不管他的人格如何，他的敌对冲动都会受到限制。

但如果这种愤怒被压抑，那么通向这些限制的可能途径就会被切断，从而导致敌对冲动——虽然只是在幻想中——同时从内和外突破这些限制。如果服从敌对冲动，上面那位化学家就会告诉别人，他的同事G是如何利用他们的友谊的，或者他会向他的上司暗示，G剽窃了他的想法并以谎言阻止了他的研究。但因为他压抑了自己的愤怒，这些愤怒便分化和扩散了，例如，转化成梦境。在梦中，他很可能通过一个象征性的方式成为杀人犯；或直接成为一个天才被人敬仰，而其他人则丧失了威信和颜面。

通过这种分离 (dissociation)，被压抑的敌意会随着时间通过外部途径而逐渐强化。例如，一个高级职员，他的上司在没有跟他商量的情况下就做出了某些安排，致使他心怀不满，但通过压抑自己的怨恨，他没有提出丝毫的抗议，这种行为使他的上司继续以他不满的方式处理他的事情，因而新的怨恨就接连不断地产生和积累。①

压抑敌意的另一种后果是，这种不受控制的有高度爆炸性的情感会在这个人的内心烙下印记。在分析这一后果之前，首先我们必须思考一个由此引发的问题。从字面上看，某种情感或冲动受到压抑之后，其结果就是这种情感或冲动不会再被意识到，因此病人通过自己的自觉意识根本感知不到任何针对他人的敌对感

① 昆克尔在《性格学引论》中就曾提到过，神经症病人通常会用某种心态来应对一种环境反应，而当这种环境反应发生时，这种心态本身也会被进一步强化，这样神经症病人就会越陷越深，并在这个循环过程中面临越来越大的困难。因此，昆克尔将其称为“魔鬼之圈”。

情。既然如此，我们又怎么能说他会在自己心中“记录”(register)下这种受压抑的情感呢？答案就在于，在意识与无意识之间事实上并没有严格的划分，这不是二者只能择其一的选择，而是像沙利文在一次讲演中指出的，它存在着许多意识等级。

事实上，弗洛伊德已经发现，冲动虽然受到了压抑，但它仍然发挥着作用。而且，在更深的意识层面上，个人甚至知道它的存在。简单来说，我们根本不可能欺骗自己，实际上，我们对自己的观察比我们意识到的要好得多，就像我们对他人的观察，往往比我们自己意识到的更好一样。例如，我们对他人的第一印象往往非常正确，但我们可能会因充分的理由使自己忽略掉这方面的观察。接下来，我将用“记录”这个词来指：我们知道自己内心发生的事情，但同时却没有自觉地意识到。

通常，只要敌意，以及敌意对其他利益的潜在危险强大到一定程度，压抑敌意所产生的后果，本身就足以导致焦虑。隐约的不安状态，很可能就是以这种方式建立起来的。但是，这一过程往往并不会在此停止，因为人有着某些强迫性需求，致使人想要消除这种由内威胁自身利益与安全的情感。由此，第二种类似反射的过程产生了，这个过程就是个体的敌对冲动被投射到外部世界中去。

因此，第二种伪装就是，个体“伪装”这种破坏性冲动不是来自自身，而是来自外界的某人或某物，从而对第一种伪装——

压抑作用做补充。从逻辑上讲，敌对冲动所投射的对象，恰恰正是这些敌对冲动所针对的对象。结果就是，那个人就拥有了投射者心中那些可怕的成分。这种结果的出现，一部分是因为投射者本人的敌对冲动受到压抑后所具有的残酷无情的性质赋予了那个人，一部分是因为在任何危险中，这种效应的程度不仅取决于具体环境，同时也取决于人对这一处境所持的态度。人的防御能力越是缺乏，相对来说他的危险就会显得越大。①

投射作用还有一个附带的功能，在个人需要自我辩解时，这个功能便会提供服务。当一个人想要伤害他人时，他会认为并不是他存心要欺骗、盗窃、剥削、侮辱别人，而是别人存心要欺骗、盗窃、剥削和侮辱他。例如，一个女人，根本意识不到她自己有毁灭丈夫的冲动，甚至主观上还认为自己非常爱丈夫，在这种投射机制的影响下，她反而会认为是她的丈夫凶残地想要伤害她。

投射作用还可能得到另一种支持，这种支持来源于追求相同目的的心理过程，这时候对报复的恐惧会影响受压抑的冲动。一个人，在企图伤害、欺骗他人的时候，同时会害怕别人也以这种方式对待他。这种对报复的恐惧究竟在多大程度上是人性中根深蒂固的通性，究竟在多大程度上来源于人原始的有关罪恶和惩罚的经验，究竟在多大程度上把必须预先假定一种报复冲动当作其

① 在《权威与家庭》一书中（该书由国际社会研究院的霍克海默主编），弗洛姆明确指出：我们对一种危险做出的焦虑反应，并不是简单地由实际上的危险程度决定，“一个感到无比绝望、束手无策的人，面对在他人看来微不足道的危险时，也会做出十分焦虑的反应。”

必要的前提，对此我不予回答。但毋庸置疑的是，这种对报复的恐惧在神经症病人的心中发挥着巨大的作用。

敌意受到压抑所导致的这些心理过程，它的结果就是引发焦虑情绪。事实上，因压抑而引发的心理状态，恰恰就是典型的焦虑状态，即由于感到来自外界的强大危险而萌生的一种缺乏防御能力的感觉。

尽管依照原则看来，焦虑产生的步骤十分简单，但在实际过程中，要弄清焦虑的产生却常常是一件异常困难的事情。一个复杂的因素是：敌对冲动受到压抑后再向外投射时，通常并不会再投射到实际引起敌对冲动的那个人身上，而是会投射到别的事物上。例如，在弗洛伊德的病例中，病人小汉斯就没有形成对自己父母的焦虑，而是形成了对于白马的焦虑；我的一个病人很敏感，由于她压抑了对自己丈夫的敌意，反而对游泳池中的水爬虫产生了焦虑。

从微生物到暴风骤雨，这样看来，似乎任何事物都可以成为焦虑的附着物。这种把焦虑从与之相关的人身上分离的倾向，其原因十分明显。如果这种焦虑事实上针对父母、丈夫、朋友或某个关系亲密的人，拥有这种敌意就会使人感到与现存的某些关系不符，例如，尊重权威、对爱情忠贞、对朋友赞赏等。在此情况下，从根本上否认敌意的存在，就成了消除这种不符的最好解决办法。一个人，通过压抑自己的敌意，就否认了他自己身上存在任何敌意；通过把自己受压抑的敌意投射给雷雨，又否认了他人身上存在任何敌意。许多幸福婚姻的错觉，就建立在这种鸵鸟政策上。

压抑敌意必然会导致焦虑的产生，但这并不意味着每当这种过程发生，焦虑就一定会显现出来。在我们已经讨论过的，或将要讨论的各种保护机制中，焦虑可能会借助其中的某一种来实现迅速转移。而身处其中的人则可能会通过某些手段来保护自己，例如，对睡眠和饮酒产生越来越多的需要。

敌意受到抑制的过程中，可以产生出形式各异的焦虑。为了更好地理解种种不同的结果，我将在下表中列举出种种不同的可能性。

A 感到危险是来自自身内部的冲动。

B 感到危险是来自外界。

从压抑敌意产生的结果看，A组似乎是直接由压抑作用产生的，而B组则是由投射作用产生的。A组和B组都可以再进一步划分为两个亚组。

（1）感到危险是指向自己的。

（2）感到危险是指向他人的。

这样我们就获得了四种主要的焦虑类型：

A（1）感到危险是来自自身内部的冲动并且指向自己（这一类型的敌意会继发性地转而反对自己，后面我会对此进行讨论）。

例证：站在高处，不由自主想跳下去，因而感到恐惧。

A（2）感到危险是来自自身内部的冲动并且指向他人。

例证：怕控制不住拿刀杀人，因而感到恐惧。

B（1）感到危险来自外界并且针对自己。

例证：对雷雨的恐惧。

B（2）感到危险来自外界并且针对他人。（这一类型的敌意被投射到外界，但敌意所针对的最初对象仍然存在）。

例证：忧心忡忡的母亲，对种种威胁其子女的危险所产生的焦虑。

毫无疑问，这种分类的价值是有限的。它或许能提升人们对神经症的判断速度，但却不能将一切病症都顾及，因此以其来揭示那些可能的例外是不科学的。例如，一个人，产生了A型焦虑，这是因为他的敌意受到了压抑，但我们不能依据这一理论，就推断这个病人绝对不会把他受到压抑的敌意投射出去；我们只能据此推论，在A型焦虑中，投射作用可能暂时还不存在。

敌意与焦虑之间的关系，并不限于敌意能够产生焦虑。这一过程也可以换一种方式发生：当个人因为感觉受到威胁而产生焦虑时，这种焦虑会很容易反过来形成一种反应性敌意以达到自卫。在此之上，焦虑与恐惧没有什么差别，因为恐惧也会产生相同的攻击性。如果反应性敌意被压抑，也可以产生焦虑，这样就形成了一个圆圈。像这样，敌意与焦虑二者之间相互作用的结果，通常是一方激发和强化了另一方。这样，我们也就能理解，为何神经症中会存在如此大量残酷无情的敌意了。[①]敌意与焦虑的这类交互影响也从根本上解释了，为什么即使没有任何明显的外界不良条件影响，神经症也会变得日趋恶化。至于焦虑和敌意究竟哪个是导致焦虑的最初因素，这一点无关紧要；以神经症动力学来考量，明白焦虑与敌意是相互交织、不可分割的，才是至关紧要的。

总而言之，我基本上是依据精神分析的方法形成的焦虑这一概念。这种焦虑要凭借某些原动力，诸如无意识力量、压抑作用、投射作用等，才能产生作用。但如果我们深入探察一下那些细微之处，就不难发现，它在许多方面其实都与弗洛伊德所持的观点不同。

关于焦虑，弗洛伊德曾先后提出两种观点。他的第一种观点可以概括为冲动的压抑导致焦虑。但是，这里说的冲动仅仅是性的冲动。这个观点的依据是，被压抑的性能量会产生一种内在的

① 一旦意识到焦虑反过来进一步强化了敌意，似乎为这种破坏性的驱力寻找一个特殊的生物学根源就没必要了，就像弗洛伊德在他关于生存本能的理论中所做的那样。

生理紧张，继而转变为焦虑。就此看来，这纯粹是一种生理学解释。他的第二种观点，焦虑，或他所指的神经症焦虑，是由恐惧某些冲动引起的，因为挖掘并纵容这些冲动会招致外在的危险。第二种解释也是生理学上的解释，它不仅涉及性冲动，同时也涉及攻击冲动。但弗洛伊德对焦虑的解释，仅针对了对这些冲动的恐惧，及其恐惧的原因——对这些冲动的放纵会导致外来的危险，完全没有考察冲动的压抑或不压抑。

为了对焦虑有一个全面完整的理解，我依据了这样一种信念，即必须将弗洛伊德的两种观点综合起来考虑。因此我除去了他第一种观点里的纯粹生理学基础，然后将其与第二种观点结合起来。这样一来，产生焦虑的主要来源便不是对冲动的恐惧，而更多的是对受到压抑的冲动的恐惧。而弗洛伊德之所以未能充分运用他的第一种观点，以我之见，其原因就在于：尽管他是以心理学的精心观察为基础得出了这一观点，但他却从生理学的角度作解释，以致未能涉及一个心理学的问题，即如果某人压抑了自己的某种冲动，那他内心会产生怎样的心理变化？

关于弗洛伊德的第种二观点，我所持的不同意见，从理论的角度来看并不重要，但在实践中却十分重要。我完全支持他的观点，即只要放纵某种冲动会导致危险降临，那这类冲动中的任何一种都可以引起焦虑。性冲动当然也包括在内，但只有在个人和社会对这些冲动设置了严厉禁忌的情况下，它们才会成为危险的冲动。[①]由此可见，性冲动引发焦虑的概率，在极大程度上取决于现存文化对待性的态度。我并不认为性是焦虑的特殊来源，但我的确相信，在敌意中，或者更准确地说在受到压抑的敌对冲动中，存在着这种产生焦虑的特殊来源。

简而言之，在这一章中，我所表达的思想就是：无论何时，只要发现焦虑或焦虑的迹象，我们就可以追问，是一个什么样的敏感点被伤害了，才致使病人产生了敌意？又是什么使得病人必须压抑这种敌意？根据我的经验，以此为探索方向通常会得到更令人满意的答案。

此外，弗洛伊德认为，焦虑仅仅发生在童年时代，它始于弗洛伊德认为的出生焦虑，之后又继之对阉割的恐惧，而年长后产生的焦虑，事实上都是童年时代那些焦虑的低级反应。“毋庸置疑，我们所谓的神经症病人，在面对危险时，他的反应依旧停滞在幼儿状态，还没摆脱早已过时的焦虑状态达到成熟。”而我与他的第三点分歧，也便由此产生。

在此，我们将弗洛伊德的解释中包含的各个要素逐一考察一下。弗洛伊德断言，处于童年时期的人极易焦虑，毋庸置疑，这是事实，理由充分易懂，因为孩童在面对种种不利的影响时，自我保护能力相对较差。

① 或许在某些社会中，例如，塞缪尔·巴特勒在《乌有乡》中所描绘的那种社会，人们会严惩患任何生理疾病的人，因而一种患病的冲动也会导致触犯禁忌的焦虑。

事实上，我们确实总能在性格神经症中，发现焦虑最早形成于病人的童年，或者，至少我所谓的基本焦虑，是在童年时期就已经有了基础。然而除此之外，弗洛伊德还相信，成年神经症病人身上的焦虑，仍与最初产生焦虑的那些条件相关联。也就是说，一个男人即使已经成年，但依旧会像小时候那样对阉割恐惧产生苦恼，只是苦恼形式略有变化。实际上，这样罕见的病例确实存在，在某些病人中，幼年的焦虑反应很可能会伴随适当的条件，以几乎不变的形式在病人之后的生活中重现。①

但一般而言，我们所发现的这种重现，并非是毫无变化的重演，而是有所发展。对某些病例的分析，可以帮助我们相对完整地理解这类神经症的形成，继而使我们发现，从早期的焦虑到成年的怪癖，存在着一条连续不断的反应链。

由此可见，与其他因素交织在一起的同时，焦虑也可能包含了存在于童年时代的特殊冲突，但从整体看，焦虑却并不是一种幼稚的反应。我们如果把焦虑视为一种幼稚的反应，就会将两种完全不同的事情混淆，即把任何发生在童年时代的态度，都错误地看成是幼稚的态度。如果我们有正当的理由把焦虑说成是一种幼稚的反应，那么，我们至少也有同样正当的理由，把它说成是儿童身上早熟的成人态度。

① 在《神经症、生命需要和医生的责任》一书中，舒尔茨记录过这样一个病例。一个职员总是不停地换工作，因为某些上司总能激发他心中的愤怒和焦虑。后经精神分析表明：只有那些长着某种胡须的上司才会激怒他。而他的反应被证明是他三岁时对父亲产生的反应的重演，那时候他父亲曾以一种威吓的方式攻击过他的母亲。

第五章

神经症的基本结构

The neurotic personality of our time

我们时代的神经症人格

通过分析实际的冲突情境，就可以给予焦虑以完整的解释和说明。但若是在性格神经症中，发现了一种产生焦虑的情境，我们就必须考虑在此之前已经存在的焦虑，以便说明为什么恰恰在那个特定的时刻，病人会产生焦虑并压抑焦虑。继而我们就会发现，先前已经存在的焦虑，反过来又是由此前已经存在的敌意引发的，这是一种无休止的循环。而为了理解整个发展过程的最初开端，我们就不得不追溯到病人的童年时代[①]。

对于童年时代的经验问题，我极少涉及，而这次便是其中之一。相对于精神分析文献来讲，这本书很少涉及病人童年时代的经历，并不是因为我忽视它，不像其他精神分析学家那么重视它。而是因为，在这本书中，我所要讨论的不是激发神经症的个人经验，而是神经症人格的实际结构。

在考察了许多神经症病人的童年经历之后，我发现，他们的共同点就是都处在一种特殊的环境中，这种环境会因其所占比例

① 在这里我不打算涉及这一问题：心理治疗究竟需要对童年时代追溯多远。

的差异，显示出以下几种特征：

第一种，基本品质的邪恶完全是由于缺乏真正的温暖和爱。实际上，只要儿童内心深处觉得自己是被爱和被需要的，在极大程度上，他可以忍受所谓的一般创伤，例如，突然断奶、偶尔打骂、性体验等。当然，儿童绝不会被任何虚情假意所欺骗，他能敏锐地感觉到这爱是真诚的，还是虚伪的。然而，当父母患有神经症时就难以给予子女温暖和爱，这也正是儿童没有得到充足的温暖和爱的主要原因。根据我的经验，这种缺乏爱的情况通常会被掩藏，因为父母会宣称自己心中想的都是对子女有利的事情，而这种情形极为常见。通过了解教育学理论，我们便可知道，致使这种情形形成的主要因素，就是所谓“理想”母亲的过分溺爱和自我牺牲态度，这种环境氛围在儿童心里埋下了不安的种子，给他带来比任何东西都巨大的不安全感。

更何况，大多数情况下，父母的诸多行动或态度，只能唤起子女心中的敌意。例如，于众多子女中偏爱某个孩子，而又不公平地责罚其他孩子；或者对孩子有时过分关注，有时又毫不关心；或者父母自己情绪不稳定，喜怒无常；或者父母许下的诺言从未兑现，等等。面对子女种种强烈愿望时，态度会从暂时不予考虑发展到不断加以干涉。例如，干涉子女与他人的友谊，嘲笑他们自己的想法，损害他们自己的兴趣爱好，不管这些兴趣爱好是有关艺术的、体育的，还是机械的。尽管父母的这些态度是无意的，但效果上却会将孩子们的意志击得粉碎。

在讨论引发儿童敌对心理的种种因素时，精神分析的文献总是着重强调儿童的愿望受挫折（特别是性方面的愿望挫折）和儿童的嫉妒心理。确实，我们的文化对某些快感，尤其是儿童性体验的严厉态度，很可能会导致儿童的部分敌对心理。例如，严禁儿童对性好奇、手淫，或者与其他孩子玩性游戏。不过，可以肯定的是，叛逆性敌对心理并不只是来源于愿望受挫。

毋庸置疑，经过细致观察，我们会发现，许多现象表明：在很大程度上，儿童也可以像成人一样接受挫折和剥夺，只要他们认为这种剥夺是公平的、公正的、必需的、带有目的性的。例如，只要父母不过分要求，避免使用欺骗或强暴的手段来强制孩子讲卫生，孩子是不会反抗父母的教育的。同样，孩子们也不反对父母对自己进行偶尔的惩罚，只要他能确定自己是被爱着的，受到的惩罚是公正的，其目的也并不是有意要伤害他或侮辱他，他就会接受这种惩罚。至于挫折究竟会不会激发敌意，我们很难判断，因为在给孩子造成许多挫折的同一环境中，通常还存在着诸多其他足以诱发敌意的因素。

事实上，对于激发敌意来说，挫折本身并不是重要因素。我在此提出这一点的目的，是想指出，由于过分注重挫折造成的影响，许多父母在这条路上甚至比弗洛伊德本人走得还远，以致他们几乎不敢对自己的孩子做出任何干涉，生怕因此伤害到他们。

事实上，无论对于儿童还是成人来说，嫉妒都是滋生内心仇恨的牢固根源。可以肯定，兄弟姐妹之间的嫉妒，以及父母任何一方的嫉妒，都会对神经质的儿童产生极大影响，这种影响甚至可能会持久地作用在他今后的生活中。但我们仍然要问，这种嫉妒心理的产生需要怎样的内在环境？在兄弟竞争中，在俄狄浦斯情结中，我们观察到的嫉妒反应，是否必定会发生在每一个儿童身上，或者激发这种嫉妒是否还需某些特定的环境条件？

在神经症病人身上，弗洛伊德观察到了俄狄浦斯情节，并发现：与父亲或母亲有关的强烈嫉妒反应，具有巨大的破坏性，足以引发孩子内心的恐惧，继而可能影响孩子性格的形成，甚至长久干扰他的人际关系。而在我们时代的神经症病人身上，也经常能观察到这一现象，这也正是弗洛伊德假定这一现象具有普遍性的原因。他假定俄狄浦斯情结是神经症的症结所在，而且还以此为依据研究其他文化中的情结现象，但这个概括性的结论令人存疑。

在我们的文化中，兄弟姐妹间以及父母子女间确实容易产生嫉妒，存在嫉妒心理。同样的，在任何一个紧密联系在一起的社会团体中，也都会发现这种嫉妒心理。每当涉及俄狄浦斯情结或手足竞争时，我们都会想到这些，然而并没有证据表明，我们文化中存在的嫉妒心理，真如弗洛伊德设想的那样普遍，因此，其他文化就更不用提了。总而言之，这些嫉妒心理固然属于人类反应，但也只有儿童在成长时期，经历了产生嫉妒心理的文化氛围，它才能被人为地产生出来。

在后面我将会仔细讨论一下，究竟是哪一种因素对嫉妒的产生发挥了主要作用，届时我们将对病态嫉妒的一般内涵进行分析。这里，我仅需提一下温暖的缺乏和对竞争的鼓励会导致这种嫉妒结果，就足够了。另外，还有一点我需要指出：这种环境气氛的制造者——患有神经症的父母，通常都对自己的生活充满了失望；而在情感关系和性关系极度缺失的情况下，他们通常都会把子女作为爱的对象，然后把自己对爱的需要释放到子女身上。

父母的这种爱不一定带有性色彩，但不管怎样，它的情感内涵是极为丰富的。我怀疑的是，在父母与子女的关系中，潜在的性欲会强大得足以引起一种潜在的心理紊乱吗？就我所知的病例来说，患神经症的父母都是以恐吓和温柔兼施的手段，迫使子女对自己产生一种热烈的依恋，从而使子女对父母的情感中带有了弗洛伊德所说的占有欲和嫉妒心等情感内涵[①]。

一般情况下，我们会认为，在成长发育时期，儿童对家庭或家庭中某一成员产生了敌对态度是很不幸的。毫无疑问，子女反抗患神经症的父母确实是件很不幸的事，但如果子女的反抗是有充分理由的，那么在这个过程中，影响儿童性格形成的危险，主要就并不是来自感受或表示了一种抗议，而更多的是来自对这种

① 总的来说，我的这些观点，是以假设俄狄浦斯情结并不是一种生物学的特定现象，而是受文化因素制约为基础的，它们与弗洛伊德有关俄狄浦斯情结的思想不符。由于许多作者，例如，马利洛夫斯基、波姆、弗洛姆、赖希等已经讨论过这一问题，所以我做的仅是指出我们文化中包含的各种可能产生俄狄浦斯情结的因素。例如，由于两性关系发生冲突而导致婚姻关系不和谐；父母滥用权威；严厉禁止子女有任何性表现；总希望子女永远幼稚天真，在感情上依赖父母，否则就孤立和疏远他的心理倾向。

抗议的压抑。

对批评、抗议甚至谴责的压抑，可以导致许多危险，其中一种危险就是：孩子很可能把引起反抗的所有原因都归结在自己身上，并因此谴责自己，继而觉得自己不配被爱。这种情形的种种内涵我之后会言及，而这里所提及的，概括来说就是：受到压抑的敌意可能引发焦虑，而上面已经讨论过的那种发展过程也会由此开始。

在这种环境氛围中成长的孩子，为什么会压抑自己的敌对心理呢？原因很多，其中就有：感觉自己无能为力，感觉恐惧，感受到爱和犯罪感，等等。这些原因以不同的程度，通过不同的组合方式发挥作用。

通常，儿童的无能为力感仅被看成是生物学事实。毕竟，相对于成年人来说，儿童体格弱小、经验不足，在很长一段时期内，他们的生存所需都必须依赖其周围的环境和父母。但是，尽管如此，我们还是太过于强调这个问题在生物学方面的属性了。要知道，在 2~3 岁以后，儿童的依赖性会发生一次至关重要的变化，在这变化中，占绝对优势的生物性依赖，会逐渐转变为在心理、智力、精神生活等方面的依赖。这个变化过程会从儿童的成长时期一直持续到青春期，直到他能够独立生活时为止。在这一过程中，儿童依赖其父母的程度因人而异，它取决于父母在教育子女时所抱的期望和倾向，重点要看父母是倾向于使子女强壮、勇敢、自立、能够应付各种处境，还是倾向于保护孩子，使他顺从、听话，使他对实际生活完全无知（或者简而言之，使他直到 20 岁乃至更晚，都始终停留在幼稚天真的状态）。

在不良环境条件下成长的儿童，由于父母的恐吓、溺爱，以及在感情上父母始终使其处于依赖状态，他们那种孤立无援、无能为力的感觉被人为地强化了。孩子越是被搞得无能为力，就越是不敢感觉到和表现出任何反抗，这种反抗心理就会延续得越久。这种情形会让儿童内心潜在的感情认知变成：因为我需要你，所以我必须压抑我对你的敌意。当然，我们把它看成儿童内心奉行的格言也无不可。

儿童的恐惧可以由威胁、禁令、惩罚，或由他们亲眼看见的暴怒场面直接引起；也可以由间接的恐吓引起，例如，把病菌、大街上往来的车辆、陌生人、野孩子、爬树等生活中的各种危险描述得十分可怕，给孩子留下深刻的印象。孩子越是被弄得忧心忡忡，也就越是不敢表现出，甚至不敢感觉到任何敌意。这种情况下，孩子心中信奉的格言是：因为我怕你，所以我必须压抑我对你的敌意。

压抑敌意的另一个原因还可以是爱。当父母缺乏对子女的真诚的爱时，他们往往会在口头上加倍强调他们是如何爱自己的孩子，如何愿意为孩子呕尽心血。在这种环境氛围中成长的孩子，尤其是当他在另一方面又不断受到恐吓时，很有可能会紧紧抓住这种爱的代用品不放，因此他不敢有任何反抗心理，唯恐会因为反抗而失去做乖孩子所得到的奖赏。在这种情形下，孩子心中所信奉的格言是：我必须压抑自己的敌意，否则我就会失去爱。

至此，孩子压抑自己对父母敌意的种种情形，我们已经全部讨论过了。由此可以看出，正是由于担心会破坏与父母的关系，孩子才不敢对他们表现出任何敌意。他陷在这种恐惧中，深恐这些有力量的大人会收回仁慈，弃他于不顾，甚至是转身反对他。除此之外，我们的文化对孩子的教育也起了很大作用，孩子们往往会因为自己对父母产生敌对感、表现出反抗而感到内疚和自责，甚至觉得自己有罪。也就是说，文化已经把他教育成，如果他表现出或者意识到自己对父母反感，如果他违反了父母立的规矩，他自己就会认为这是下流的、可耻的，甚至认为自己很肮脏、不值得被爱。产生犯罪感的因与果是紧密关联、相互作用的，被教育的孩子，犯禁之后，越是觉得罪孽深重，就越不敢对父母有任何怨恨或责难。

在我们的文化中，性就是这样一个能频繁激发出犯罪感的禁区。不管是默默地表示禁止，还是公开地实施威胁和惩罚，与性有关的这些禁令都会让孩子们感觉到：对性和性活动的好奇是被禁止的，如果沉浸其中，他就是一个下流肮脏的孩子。如果他心中有任何涉及到父亲或母亲的性幻想或愿望，那么，尽管由于一般的禁欲态度导致它未被公开表露出来，但这也仍然可能使孩子产生强烈的负罪感。此时，孩子内心信奉的格言就是：我必须压抑敌意，因为如果我感到自己有敌意，那我就是个坏孩子。

以上提到的这些因素，常常通过不同的组合方式，促使孩子们不同程度地压抑自己的敌意并最终导致焦虑。

但是，童年时期的种种焦虑最终都会引发神经症吗？只能说，就目前的经验理论，我们对此尚不能给出恰当的答案。我个人认为，幼年焦虑虽然是形成神经症的必要因素，但不是其充分理由。通过创造有利的环境，例如，及早改变周围不利的环境，或者通过其他方式消除不利因素的影响，似乎都可能防止神经症的形成。但事实上，往往是，如果生活环境未能消减焦虑，那么，这种焦虑不仅会持续下去，而且还会不断增加。正如之后我将呈现给大家看的那样，持续增加的焦虑会推动所有的那些足以构成神经症的内在过程。

所有可能影响幼年焦虑进一步发展的因素中，我特别关注了其中一种——敌意与焦虑的反应。这种反应究竟只是存在于迫使儿童产生敌意与焦虑的周围环境中，还是会发展成针对所有人的敌意与焦虑？这两者之间存在着非常大的区别。

例如，一个孩子，如果他有一位慈祥的祖母，有一位善解人意的老师，还有一些要好的伙伴，那么他很幸运，因为这些人带给他的经验和感觉，可以使他避免感到一切人对他充满恶意。相反，一个孩子，在家庭中的处境越困难，他就越容易形成针对父母和兄弟姐妹的仇恨心理，并且会对一切人产生怀疑，甚至是恨意。如果这个孩子还与他人隔绝，无法丰富和拓展自己的经验，那他就越容易往这方面发展。最后，一个孩子，如果以顺从父母这样的方式来掩盖自己的敌意，那么他越是掩盖就越可能把他的焦虑投射给外部世界，并因此而认为整个世界都充满危险与恶意。

这种针对外界的一般性焦虑，可能会继续发展乃至加重。一个在上述环境氛围中长大的孩子，在与其他孩子接触时，不敢表现出像其他人那样争强好胜和富于进取心。他会失去被人需要这种令人感到幸福的自信心，甚至会把一个没有恶意的玩笑也看成是别人对自己的残酷排斥、打击。与其他孩子相比，他更容易受到伤害、感到屈辱，更没有能力保护自己。

以上我提及的这些因素，或者与此类似的因素所引发的，是一种深入身心并不断增长蔓延的孤独感，以及一种身处敌对世界却又无能为力的绝望感。这种个人对环境因素所作出的强烈反应，会凝聚成一种性格态度。这种性格态度本身并不构成神经症，但它却是一块适于培育神经症的沃土，那些特定的神经症随时都有可能从这块土壤中生长出来。由于这种性格态度是形成神经症的基础，所以我给它起了一个特定的名称：基本焦虑 (basic anxiety)。它与基本敌意 (basic hostility) 相互交织在一起，无法分离。

运用精神分析，对种种个人形式的焦虑进行研究，渐渐地我们发现了一个事实，这就是：基本焦虑藏身于所有与他人的关系之下，是这些关系的基础。在实际情况下，个人的种种焦虑可能被某种原因激发，而基本焦虑即使在没有受到任何特殊刺激的情况下，也仍然存在。如果把神经症比作国家的政治动乱状态，那么基本焦虑与基本敌意就类似于对政治体制潜在的不满与抗议。这两种情形很类似，它们表面或者会完全没有任何现象显现，或者显现出现象的复杂多样。在国家形式下，这些现象可能表现为骚乱、罢工、集会、游行示威；同样，在心理领域，焦虑的形式也可以表现为各种各样的症状。不管特殊的激发媒介是什么，焦虑的所有这些外在表现，都来源于一个共同的背景基础。

不过，基本焦虑不存在于单纯的情境神经症 (situation neuroses) 中。所谓的情境神经症是指个体对实际情境中的冲突所作出的神经症反应，而患有情境神经症的个体其个人关系并未受到干扰。以下案例也许有助于我们对情境神经症有一个全面的了解。

一位 45 岁的女士说自己夜里常常会心悸和焦虑，同时还会大量盗汗。但是她的身体并没有任何病变，而且就所有检查数据来看，她是一个很健康的人。与她接触的人都觉得她心肠极好、性情直爽。20 年前，迫于环境压力而非出于自愿，她嫁给了一个比她大 25 岁的男人。不过，她和他一直过得很快乐，性生活也很和谐，还生了三个健康可爱的孩子。她勤劳能干，擅长料理家务，一直精心照料着家庭。最近五六年，她的丈夫渐渐变得有些古怪，并且性能力上有些不济，但她忍受了这一切而没有表现出任何神经症反应。但是在七个月前，一位与她年龄相仿的男士开始向她示好，而这位男士也足以托付终身。她由此产生了烦恼，开始反感年老的丈夫，但因为自己的心理和社会背景，以及她那还算美满的婚姻关系，她把自己的这份怨恨情绪完全压抑了。在经过几次交谈和帮助之后，她已经完全能够正确地面对这种冲突性情境，并从此消除了焦虑。

要想更好地理解基本焦虑的重要性，最好的办法就是拿性格神经症病例中的个人反应，与上面所说的单纯的情境神经症进行比较。健康人身上产生情境神经症时，由于他们可以理解但不能自觉对付一种冲突性情境，也就是说，他们无法正视这种冲突的存在和这种冲突的性质，因此也就不能做出一种明确的决定。这两种不同类型神经症有一个明显的区别，那就是，情境神经症往往更容易取得极大的治疗效果。在诸多病例中，性格神经症的治疗往往困难重重，因而治疗时间会相当漫长，有时候长得甚至让病人等不及治愈；然而情境神经症的治疗却相对容易。对情境神经症的治疗，往往不仅是对症状的治疗，同时也是对病因的治疗；而在性格神经症的病例中，对病因的治疗则是借改变环境来消除困扰。①

因此，我们会产生这样一种印象，即在情境神经症中，在冲突情境与神经症反应之间，存在着恰当的关系；而在性格神经症中，这种关系似乎不存在。由于基本焦虑已经存在，所以即使最

① 在这些病例中，没必要运用精神分析，而且也不可取。

轻微的诱发因素也可能会引起性格神经症最强烈的反应，这一点我们以后详细讨论。

尽管焦虑的外在表现形式，以及为对抗焦虑而采取的防御性措施，都有广阔无垠的变化范围和纷繁多样的承载个体，但基本焦虑无论在何时何地都是同样的，只是程度略有变化。或许，我们可以把基本焦虑简单地描述为一种自觉渺小、无足轻重、束手无策、被抛弃、受威胁的感觉，一种仿佛身处一个一心要对自己进行谩骂、欺骗、攻击、侮辱、背叛、嫉恨的世界中的感觉。我的一个病人在自己的画中，就不自觉地表现出了这种感觉。在画中，她把自己画成了一个没有依靠、赤裸瘦小的婴儿，孤零零地坐在中间，周围是千奇百怪、张牙舞爪的妖魔鬼怪、人和动物，这些东西正威胁着要攻击她。

我们发现，在各种精神变态中，病人往往能高度意识到这种焦虑的存在。妄想狂病人只会把这种焦虑限定在某个或某几个特定的人身上；而精神分裂症病人则往往对周围世界中潜在的敌意，有着过分的敏感，甚至敏感到把向他示好的善意也看成是包藏祸心。

然而在神经症中，病人却极少自觉意识到这种基本焦虑或基本敌意的存在，至少，病人并没有意识到这种焦虑或敌意对他整个人生的影响和意义。我的一位病人曾在自己的梦中变成了一只小老鼠，由于害怕被人踩到不得不成天躲在洞中。事实上，这正是她在实际生活中畏惧所有人的真实体现，然而她自己对此却毫无意识，她甚至告诉我说她从来不知道什么叫焦虑。这种对任何人都不信任的基本敌意，可以轻易地被人们以某种方式掩饰起来。例如，肤浅地信奉人都是十分可爱的，同时还用一种敷衍而友好的态度与他人相处。而另一种蔑视一切人的基本敌意，又可以借随时称赞别人的方式来加以隐藏。

尽管基本焦虑涉及的对象是人，但它在显现时却可以完全与人脱离，转变为一种受到雷雨、病菌、灾难和变质食品威胁的感觉，或者转变为一种自觉命中注定、在劫难逃的感觉。一个训练有素的观察者，很容易就能发现这些态度的潜在基础。但要使神经症病人自己意识到，致使他焦虑的实际上不是细菌而是人，他针对他人的恼怒不一定是对事实做出的恰当反应，而是源于自己内心对他人的怀疑和仇恨，这往往需要我们进行大量深入细致的精神分析工作才能达到。

对神经症病人基本焦虑的种种内涵了解到此时，读者很可能早已在心中产生了一个疑问：这种针对他人的基本焦虑和基本敌意，被你说成是神经症的基本构成因素，然而，它难道不是一种正常的态度吗？它难道不是秘密地，或许程度较轻地存在于我们每个人的心中吗？要想讨论清楚这些问题，我们就必须先将以下两种观点区分开。

首先，如果所谓的“正常”是指一种普遍的人类态度，那我们可以认为，在基本焦虑与德国哲学、宗教中所提及的“生之苦恼”(Angst der Kreatur)之间，的确存在着一种正常的联系。更通俗地讲，这句话的意思就是：在死亡、疾病、衰老、自然灾害、政治事件、偶然事故等，这些无比强大的力量面前，我们是无能为力的。我们第一次认识到这一点是在童年时期，然而这一认识却会伴随我们整整一生。“生之苦恼”也涉及这种面对强大力量时的无能为力，但它却并不认为这些力量含有敌意。

但如果所谓的“正常”指的是我们文化认同的正常，我们就可以看到：在我们的文化中，一个人如果缺乏足够的生活保障，那么在他成熟后，这份经验一般会使他变得对他人更提防、更有所保留，使他更懂得人们事实上并不总是正道直行，而往往会受懦弱和随机应变支配。如果他诚实，他会把自己也算在这些人中；如果他不诚实，他会在他人身上更清楚地发现这些问题。

简单讲，他会形成一种与基本焦虑十分相似的态度，但还是有区别的。成熟健康的人不会因这些人类缺陷而感到无能为力，也不会像神经症病人那样不分青红皂白，他们仍然能够与他人建立真诚的友谊和信任。也许，我们可以以此来解释这一区别：当不幸发生时，健康人正好处在他能够承担的年龄，因此他能将这些不幸经验整合；而神经症病人却是在他不能掌握和驾驭这些经验的年龄，由于感到束手无策，因而产生了焦虑反应。

在人对自己和他人的态度中，基本焦虑有其特定的内涵。它意味着情感的隔离和孤独，如果此时人们内心还存在软弱感，则这种情感上的孤独会更令人难以忍受。它意味着自信心的基础脆弱不堪。它在人们的内心播下了潜在的冲突的种子，让他们既想依赖他人，又因怀疑和敌意而难以依赖他人。内在的无能为力感，让人们有一种想把所有责任都交给他人的愿望，有一种想被保护、被照顾的愿望，但因为基本的敌意，他们很难信任他人，以致最终无法实现这一愿望。因此，结局注定是：他们不得不花费大把精力去寻求安全保障。

焦虑越是难以忍受，保护手段就越是彻底。在我们的文化中，人们企图借助四种方式来保护自己、对抗基本焦虑。这四种方式分别是：获得爱、表示顺从、攫取权力和时时退缩。

首先，获得任何形式的爱，是一种对抗焦虑的强有力的手段。其信条是：如果你爱我，你就不会伤害我。

其次，顺从也是一种对抗焦虑的手段，但根据顺从是否涉及特定的个人或制度，可以将其再粗略地划分一下。例如，在顺从标准化了的传统观念，或某些宗教仪式，又或某些特权人物时，就存在着特定的顺从焦点，即服从这些法规、遵循这些要求乃是一切行为的决定性动机。这种顺从的内容尽管会随着所遵守的法规或要求产生变化，但都会表现出不得不“听命”的态度。

如果这种遵命的态度与任何制度或个人无关，那它就会把遵从的对象一般化，从而表现为顺从一切人的潜在愿望，避免一切可能招致的敌视。在这种情况下，一个人可能会将他自己的一切需要，或对别人的批评压抑下去，甚至在遭到别人辱骂时也不还击，并且随时准备不分好坏地帮助一切人。

偶尔，他们也会意识到自己的这些行为背后隐藏着焦虑，但大多数情况下他们不仅无法意识到这一点，甚至还坚定地认为，他们的行为是大公无私的，是出于自我牺牲的崇高理想，他们完全放弃了自己的个人愿望就是为了实现这一理想。不管顺从是采取特定的还是一般的遵从形式，其信条就是：如果我放弃自己的愿望，我就不会受到伤害。

这种顺从态度同样也可以服务于借爱获得安全的目的。如果爱对于某人来说异常重要，以致他在生活上的全部安全感都建立在爱上，那么，他愿意为此付出任何代价，这也就意味着他会为此而顺从他人的愿望。但又因为他对任何一种爱都抱有怀疑，因此他表现出顺从的目的就不是为了赢得爱，而是为了赢得保护。事实上，有些人只有通过彻底的顺从，才能获得安全感。他们的焦虑是如此巨大，以致对爱彻底丧失了信任，因此真正获得爱的可能性也完全被拒之于门外。

第三种，企图通过权力获得保护、对抗基本焦虑，即凭借获得实际的权力、成就、所有物、尊崇和优越的智力来赢得安全感。这种企图的信条是：如果我拥有权力，就没有人能够伤害我。

第四种保护手段是退缩。以上提及的三种保护措施有一个共同点，即愿意与世界角逐，愿意以某种方式与世界周旋。但自我保护选择的是从生活世界中退缩出来，这并不是指要遁入沙漠或深居简出、彻底退隐，而是指脱离他人，以避免自己的外部需要或内部需要受到他人影响。

人们可以通过占有财富这类方式，来使外部需要摆脱他人的影响、获得独立。但是，这种占有的动机与为获得权力或影响而占有的动机完全不同，这种占有的使用方式也与其有天壤之别。只要这种占有是为了摆脱他人影响、获得独立，那么在享受这种占有物时，往往都存在着大量焦虑，其态度也是极其吝啬，因为这种占有的唯一目的是用来预防万一出现的天灾人祸。另一种摆脱他人对外部需要产生影响的方式，是将个人需要缩减到最小限度。

从内部需要中获得独立的方式很多，例如，让自己摆脱与他人情感上的联系，从而避免被任何事情伤害，避免感觉到失望。这意味着个人的感情需要被抑制，其表现方式之一就是对任何事情都满不在乎，包括他自己。在知识界，这种态度很常见。不过，对自己满不在乎并不意味着认为自己无足轻重。事实上，这可能是两种互相矛盾的态度。

退缩与顺从虽然是两种不同的方法，但却有着共同之处，它们都是对自己愿望的放弃。但在采用顺从方法时，人们放弃自己的愿望是为了有助于“听命”或顺从他人的愿望，从而便于自己获得安全感；而在采用退缩方法时，“听命”这种想法根本就不存在，放弃自己愿望的目的，乃是为了摆脱他人的影响，获得对他人的独立。退缩方法的信条就是：如果我后退，就没有任何事情能够伤害我。

为了正确评价以上这些手段的作用，我们有必要考虑它们的内在强度。这些手段并不是由渴望满足快乐欲望的本能所推动，而是被一种想要获得安全的需求所推动。但这并不意味着它们永远不如本能驱力那样强大、不可抗拒。经验表明：追求某种野心的影响，可能与性本能的影响同样强大，甚至比性本能的影响更强大。

如果生活允许这样做而又不会因此产生任何内心冲突，那么采取这四种方法中的任何一种，都可能给人带来他所需要的安全保障。但事实上，这种片面的追求往往需要付出沉重的代价——导致整个人的人格萎缩。例如，在一种要求妇女遵守传统、服从家庭的文化结构中，一个采取顺从方式的女人，完全可能得到安宁和许多次要的满足。再例如，一个一心只想攫取权力和财富的君王，也完全可能获得最大的安全感和事业上的成功。然而，紧盯一个目标，从不考虑其他，往往并不能达到目的，因为这种做法所要求的是如此过分和欠缺考虑，所以它们往往与周围环境发生冲突。

事实上，人们更常见的做法并非是仅仅通过一种方式，而是同时通过几种互不相容的方式，从一种巨大的潜在焦虑中获得安全感。因此，神经症病人就有可能被自己内心各种强迫性需要同时推动，他们可能一方面希望统治所有人，另一方面又希望被所有人爱；一方面顺从他人，另一方面又把自己的意志强加在他人身上；一方面疏远他人，另一方面又渴望得到他人的爱。正是这些根本无法解决的内在冲突，构成了神经症最常见的动力核心。

两种最易导致冲突的企图，就是对爱的追求和对权力的追求。我将在后面的篇章中详细讨论一下它们。

我对神经症结构所做的这一描述，与弗洛伊德的理论——神经症本质上是本能驱力和社会要求（或社会要求在“超我”中的体现）相互冲突的结果，原则上并不矛盾。然而，尽管我认为个人愿望和社会压抑之间的冲突，的确是任何神经症的必要条件之一，但我却并不认为它是引发神经症的充足条件。个人愿望与社会要求之间的冲突并不一定会导致神经症，也可能导致实际的人生限制，导致对种种欲望的单纯抑制，更通俗地讲，即导致实际的痛苦。只有当这种冲突产生了焦虑，当企图减轻焦虑的努力反过来又导致种种虽不可抗拒却彼此互不相容的防御倾向时，神经症才会产生。

第六章

对爱的病态需要

我们时代的神经症人格

The neurotic personality of our time

毋庸置疑，我们的文化里，这四种为了保护自己而对抗焦虑的方式，在很多人的生活中都发挥着重要作用。有些人最主要的追求就是得到爱或认可，为了满足这一追求，他们往往会不惜代价。有些人做所有事情的特点则倾向于服从与顺服，他们不会有任何自我肯定的行为。有些人的全部追求就是渴望获得成功、权力或财富，而还有一些人则倾向于把自己封闭起来，隔绝他人以获得独立。

然而，人们很有可能会质疑，即我认为这些努力与追求是为了对抗基本焦虑，这样的说法是否正确？难道这不是特定的人在正常范围内所做出的本能表现吗？这个问题的提法，错在非此即彼上。事实上，这两种观点并不相互矛盾或者相互排斥。爱的愿望、顺从的意愿、退缩的心理以及对影响力和成功的追求，正在以各种不同的组合方式展现在我们每一个人身上，而没有任何神经症的症状。

况且，这些倾向中的某一种，在一些特定文化里，甚至会是一种占统治地位的态度或倾向。这也再次证明：这些倾向完全可能是人类的正常潜能。关怀、体现母爱，以及顺从他人愿望的倾向，

一如玛格丽特 · 米德 (Margaret Mead) 所言，它们在阿拉佩希文化 (Arapesh culture) 中占据着统治地位；而以残酷竞争的方式来追求特权和名望的倾向，正如鲁思 · 本尼迪克特 (Ruth Benedict) 所指出的，在夸基乌特尔人 (Kwakiutl) 中体现为一种获得认可的行为模式；至于出世和退缩的倾向则多见于佛教。

我并不是为了否认内在趋势的正常性，才提出这样一个概念。我这样说是为了指出，所有这些内在趋势，都可以用来对抗焦虑，为获得安全保障服务。况且，在获得这种保护的同时，它们的性质已经改变，成了完全不同的存在。

这一区别我可以通过一个比喻来讲清楚些。我们去爬一棵树，可以是为了从高处眺望远处的风景去爬，也可以是因为被猛兽追赶迫不得已去爬。尽管这两种情况下我们都在爬树，但是爬树的动机有很大的不同。第一种情形，我们爬树是为了娱乐；第二种情形，我们爬树是因为受到了恐惧的驱使，是出于安全的考量。第一种情形，要不要爬树完全是我们的自由；第二种情形却是生命危急必须要这样做。在第一种情形下，我们可以慢慢寻找一棵最合心意的树；而第二种情形下，我们没有任何选择的余地，必须爬上去，而且，它甚至可以不是树，哪怕是一根旗杆、一间房屋，只要能爬上去保护自己就好。

动机与驱动力的不同，还会造成感受与行为的不同。如果我们是被某种直接的、希望得到满足的动力驱使，我们的态度中会包含更多的自发性与自主性；但如果我们是受焦虑影响，那么我们的感觉和行动都会带有强迫性，并具有不择对象的特征。当然，这存在着许多过渡阶段。在一些本能性质的驱动力中，例如在饥饿和性欲中，由匮乏引起的生理紧张会产生极大的制约，这种制约会导致获得满足的方式在一定程度上会带有强迫性和不择对象的特点；而在正常情况下，这本应该是受焦虑制约的驱力的特征。

还有，在得到满足中也有区别，简单来说，即获得快乐和获得安全感的区别。然而这种区别看起来却没有那么鲜明。本能驱力（如饥饿或性欲）所获得的满足应该是快乐，但如果生理紧张一直受到强烈压抑，获得的满足就会接近于焦虑被缓和的那种满足。在这两种情况下，都有一种从难以忍受的紧张中获得的轻松之感。此外，在强度上，快乐和安全感是有可能同样强烈的。尽管性的满足种类不同，但是完全可以和一个人猛然从焦虑中松懈下来的感受一样强烈。一般来说，对安全感的追求，既可以与本能驱力同样强烈，也可以产生同样强烈的满足。

一如我们在前一章讨论过的，对安全感的追求，同样也包含着其他次要的满足。比如，除了获得安全感之外，同时还可以极大满足被人爱、被人赞赏，取得成功、具有影响力的需求。况且，就像我们即将看见的那样，获得安全感的不同渠道，还可用来发泄累积的敌意，从而提供另一种解除紧张的感觉。

我们已经知道焦虑可以成为某些驱力背后的动力，我们也大致了解了由此产生的几种最重要的驱力。接下来，我们来进一步讨论其中两种驱力。这两种驱力在神经症中发挥着最大的作用，它们就是：对爱的渴望和对权力与控制的渴望。

对爱的渴望在神经症病人身上太过常见，很容易被受过训练的观察者发现，所以它可以被看作是标志焦虑存在和展示其大致强度的可靠指标。事实上，如果我们面对的是一个总是威胁我们、对我们怀有敌意的世界，深感自己无能为力，那么，寻求任何形式的仁爱、援助或赞赏最直接也最合乎逻辑的方式，就是追求爱。

如果神经症病人的心理状况和他自己想象的一样，那么，得到爱对他而言是一件很容易的事。如果让我大致描绘一下神经症病人心中的感觉和印象，情况大概就是：我所需要的是如此微不足道，别人原本就应该友好待我、给我善意的建议，同情和理解我那可怜无害、孤独寂寞的灵魂；我只是迫切地希望给他人快乐，从未想过伤害任何人的感情。

这就是神经症病人心目中所想象和感觉的一切。他并没有意识到自己的敏感、潜在的敌意以及苛刻的要求，是如何严重地干扰了他与他人的关系。他也无法正确判断自己给别人留下的印象，以及别人对他做出的反应。所以，他时常感到茫然不解：为什么他的友情、婚姻、爱情、工作、事业总是不尽如人意。他总是把这一切糟糕的结果归咎他人，认为是他们不谅解、不忠实、不道德的缘故，或者是其他不可探知的原因使他不具备受大众欢迎的天赋，所以他只能不断地追逐爱的幻象。

之前，我们讨论过受压抑的敌意如何导致焦虑并反过来产生敌意，也就是说焦虑和敌意总是无法分割的。如果有读者还记得这一点，那么就不难发现神经症病人思维方式中的这种自我欺骗，及其惨遭失败的原因。神经症病人处于一种毫不自知的困境，既无力去爱，又极其需要得到别人的爱。说到这里，我们不得不停下来，回答一个看似简单实则难以回答的问题：什么是爱？或者说爱在我们的文化里究竟意味着什么？经常听到有人给爱下定义，即爱是一种给予和获得感情的能力。

尽管这样的定义包含着某些真理，但是太过笼统，不可能帮助我们扫清所遇到的困难。我们大多数人可能在某些时候充满爱，但并不意味着能够去爱。所以，首先应该考虑的是发出爱的态度：它是对他人一种基本肯定的表现吗？或者是出于害怕失去对方的恐惧，又或是出于希望掌控对方的愿望？换句话说，我们不能随便把任何一种态度，都作为衡量爱的标准。

虽然，要准确地说明爱是什么并非易事，但是我们却能够准确地定义爱不是什么，或者什么因素是与爱背道而驰的。一个人可能非常喜欢另一个人，但有时依然会对他发怒，拒绝对方的某些要求，乃至希望自己能避开对方不受打扰。不过这种由外部因素引起的愤怒或逃避态度，跟神经症病人的态度完全不同。后者在任何时候都会对他人保持提防与警戒，把他人对其他人的任何兴趣都看成是对自己的轻视与怠慢，把他人的要求看成是强迫，批评看成是对自己的侮辱。

这当然不是爱。爱是允许对别人某种性格或某种态度提出批评的，这样对大家都有益处。但苛责他人尽善尽美，对他人提出各种令人无法忍受的要求并不是爱，因为这样的要求中隐含着一种敌意，正如神经症病人所表现的："如果你不能尽善尽美，那你就滚蛋吧！"

相同的，如果我们看到一个人把另一个人当成达到目的的手段，仅仅因为对方能够满足自己的需求就利用对方，我们也会认为，这与爱的观念并不相容。在仅仅为了得到性满足而需要对方，或者，仅仅因为对方的荣誉和声望而需要对方时，这一点表现得极其明显。但是在这里，特别是对于心理方面的需要，我们很容易混淆。例如，一个人自欺欺人地认为自己爱另外一个人，但事实上他只是出于盲目崇拜而需要对方。这种情况下，对方很可能会突然被抛弃，甚至被嫉恨，只要那个爱他的人开始仔细审视自己的态度，就会失去对他的崇拜——而他之所以被爱却正是源于这种崇拜。

我们在讨论什么是爱什么不是爱的时候，必须谨慎认真，绝不能固执草率。虽然爱不能容忍为了满足自己而利用对方，但这并不意味着爱是彻底的利他主义和献身精神。那种不需要对方任何付出的情感，也不能被称为爱。因为表现出这种想法的人，流露出来的正是自己不愿意给他人爱，而不是对爱有成熟的看法和信念。

我们当然希望从所爱的人那儿得到某些东西——比如满足、忠诚和帮助；如果有需要，我们甚至可能希望得到某些牺牲和奉献。一般来说，能够表现出这些愿望，甚至为此而努力，是其心理健全的表征。爱和对爱的病态需要这两者之间的区别在于：在真正的爱中，最主要的是爱的感受；在病态的爱中，最主要的是安全感的需要，通过爱的错觉获得的感受排在次要位置。当然，在这两者之间还存在各种不同的过渡状况 。

如果一个人想要另一个人的爱，是为了对抗焦虑，获得安全感；那么在自觉意识里，他的问题是纠结在一起的。因为他根本不知道自己内心有多焦虑，也不知道自己不顾一切地想抓住任何爱是为了获得安全感。他仅仅能感觉到的是，我喜欢这个人，我信任这个人，我完全被这个人迷住了。然而，这种他自认为是发自内心的爱，很有可能是对某种仁慈的感激，或者不过是被某人或者某种场景唤起的希望和温情。而那个有意或无意唤醒他希望的人，不知不觉就被他赋予了特殊的重要性，而他对那个人的感情也就表现为爱的错觉。

其实一个简单事件就可以唤起这些希望，例如，一位大人物以和蔼的态度对待他，一个看上去坚强刚毅的人对他表现出友善。这些希望也可以由高涨的色欲或性欲激发，尽管色欲或性欲的高涨与爱毫无关系。最后，这类希望还能够从某些既有关系中得到支持和鼓舞，只要这些关系里包含着给予和帮助，例如与家庭、朋友、医生等的关系。这些关系大多打着爱的幌子，以一种不能离开对方的主观想法维持着。而实际上，这种爱不过是一个人为了满足自己的需要而紧紧抓住对方不放。一旦自己的需要得不到满足，这种感情随时都可能发生巨大的转变。这不是真正的爱情，我们爱情观中的一个基本因素——情感的可靠性和坚定性，在这种情况下是根本不存在的。

我已经委婉地指出过没有能力去爱的根本特征，但在此我想对它再特别强调一下：神经症病人是不考虑对方的人格、个性、愿望、需求和发展的。不考虑对方，部分是因为焦虑促使神经症病人紧紧抓住对方不放。

一个落水将被淹死的人，一旦遇到某个游泳者，就会紧紧抓住不放，通常，他是不会考虑对方愿不愿意救他，或者有没有能力救他的。这种不考虑对方的态度，同时也表现出了对他人的一种基本敌意。这种基本敌意包含着蔑视与嫉妒，或许会被不顾一切地努力体贴对方，甚至甘愿为对方做出牺牲的态度所掩盖，但这些努力与牺牲往往并不能阻止不受欢迎的反应出现。例如，一个妻子可能主观上认为自己深深地爱着丈夫，但每当她的丈夫埋头于工作、专心自己的喜好、分身于自己的朋友时，她就会嫉妒反感、抱怨唠叨、闷闷不乐。又如，一个母亲过分操心，相信自己可以为了孩子的幸福做任何事情，其实她从来都不考虑子女独立发展的需要。

把对爱的追求作为保护自己的手段，这种神经症病人根本意识不到自己缺乏爱的能力。他们中的大多数人会把自己对他人的需要，错误地视为一种内心充满爱的表现，不管是对个别人的爱还是对全人类的爱。他们总是坚持不懈地捍卫这种错觉，因为放弃这一错觉意味着正视自己感情上的困境：既对他人怀有基本敌意，又需要得到他人的爱。我们不可能在瞧不起某人、不信任某人，希望破坏他的幸福与独立的情况下，还渴望得到对方的爱与支持。为了让这两种互不相容的事实同时实现，我们必须把敌对态度从意识中驱逐出去。换句话说，这种爱的错觉，虽然一方面混淆了真正的爱与对他人的需要，另一方面却让对爱的追求变得可行。

在满足自己对爱的渴望时，神经症病人还会遇到另一种基本障碍。尽管他可能获得了他所需要的爱，哪怕是暂时的，但他并不能真的接受这种爱。虽然我们期望神经症病人像口渴的人迫不及待地接受水一样接受他人的爱，而这种情形也确实发生了，但它只能是暂时的。每一位医生都知道，尽管还没进行任何治疗，和蔼体贴地对待病人、仔细认真地检查，也可能会让病人不适的生理、心理症状消失。当一个人知道自己被人爱的时候，即使他患有严重的情境神经症，也有可能完全痊愈。伊丽莎白·芭蕾特·白朗宁[①]就是这种情形的著名例证。即使病人患的是性格神经症，不管这种关心是爱，是兴趣，还是来自医生的关怀，都可以减轻焦虑，改善病人的状况。

① 英国著名女诗人，童年时从马背上摔下而长期瘫痪，后在丈夫的关怀下奇迹般恢复了健康。

任何形式的爱，都可能给神经症病人带来一种表层的、单薄的安全感，甚至是一种幸福感。然而在内心深处，神经症病人并不相信它，对它保持着高度的怀疑与恐惧，因为他固执地相信任何人都不可能爱他。这种不被人爱的感觉，往往是一种自觉而有意识的信念，即使事实上的经验与它相悖，也不会动摇它。另外，这种信念也可能被认为是理所当然的，因此神经症病人根本不会意识到它，但即便这样，它也仍然会像被自觉意识到的那样坚不可摧、不可动摇。同样，它也可以隐藏在一种“满不在乎”的态度下，表现得傲慢无礼、玩世不恭，很难被人发现。这种不被人爱的信念与那种不能去爱的状态十分相似，事实上它正是那种不能去爱的状态的自觉反映。显然，一个能够真正喜爱别人的人，自然会坚定地相信别人也会喜爱自己。

如果这种焦虑根深蒂固，那么，神经症病人就会对任何给予他的爱产生怀疑，并设想所有的爱背后都隐藏着某种不可告人的动机。例如，在精神分析的过程中，这种病人会认为精神分析医生帮助他们是出于自己的野心，给予他们赞赏和鼓励也只是为了达到治疗的目的。我的一位病人，有一段时间情绪极不稳定，我建议每周都去看她一次，结果她把这视为一种正面的侮辱。公开表示的爱，往往被视为一种取笑或羞辱。如果一个很有魅力的女孩子公开地向一位神经症病人表达自己的爱，这位神经症病人可能把这种行为完全当作一种奚落，甚至是一种居心叵测的蓄意挑逗，因为少女真心爱他这一点，完全超出了他的想象。

爱不仅会遭到这种人的怀疑，更有可能激化焦虑。这就像屈服于一种爱就意味着陷进去不能自拔；或者，相信一种爱就意味着毫无武装地身处吃人生番的篝火前。当神经症病人意识到有人正在给他真正的爱时，总是会产生巨大的恐惧感。

最后，爱还可能激发其对失去自主性的恐惧。情感上的依赖，对于一个没有他人的爱就无法生存的人来说，是一种实际的危险，因此任何与之类似的事情都有可能遭到剧烈的抵抗。这种人会不惜一切代价屏蔽掉自己任何正面的情感反应，生怕这种反应会立刻导致自己失去自主性。为了避免这种危险，他必须选择蒙蔽自己，避免自己意识到别人的友善，想方设法消除一切爱的证据，坚持让自己活在“他人不友好、不真诚，甚至充满恶意”的自我感觉的世界里。这种情境非常像一个饥饿的人在找到食物后却不敢吃，因为他害怕食物可能有毒。

简而言之，那些因为受到基本焦虑驱使，不得不寻求爱来作为自我保护手段的人，获得他渴望的爱的机会极其渺茫。产生这种需要的情境，自身就妨碍了这种需要的满足。

第七章

再论对爱的病态需要

我们时代的神经症人格

The neurotic personality of our time

绝大多数人都希望被人喜欢，并且很享受被人喜欢的感觉，如果不被别人喜欢，我们甚至会产生怨恨的感觉。对儿童来说，感觉到自己被人需要，对其健康成长有着极其重要的意义。那么，到底是什么独特性质，让人对爱的需要成为病态的需要呢？

我认为，把这种需要称为幼稚的需要过于武断，这不仅错怪了儿童，而且也忘记了构成对爱的病态需要的那些基本因素。实际上与幼稚行为并无关系，幼稚的需要和病态的需要唯一的共同点就是，他们的无能为力感。而且即便这一共同点，在两种不同的情形下，也有着不同的基础。除这一点之外，对爱的病态需要是在完全不同的先决条件下形成的。重申一下，这些先决条件是，焦虑、不被人爱的感觉、无法相信任何爱的状态，以及针对所有人的敌意。

所以，在对爱的病态需要中，引起我们注意的第一个特征就是这种需要的强迫性。人一旦被强烈的焦虑驱使，必然会丧失自主性和灵活性。简而言之，获得爱对于神经症病人来说，既不是一种奢侈，也不是额外的力量或快乐源泉，而是一种维持生命的基本需要。其区别在于，一种是“我希望被爱，被爱使我觉得快乐”，另一种则是“我必须被爱，为此我愿意付出任何代价”。或者，这种区别类似于一种人胃口特别好，喜欢享受美食的乐趣，所以选择食物极其讲究；另一种人饿得半死，只能不加选择地胡乱吃东西，而且不惜任何代价。

这种态度必定会导致人们高估被人喜爱的实际意义。实际生活里，“让所有人都喜欢我”并不像神经症病人想得那么重要。事实上，只让某一部分人，例如让我们关心的人，我们必须与之一起生活、工作的人，我们希望给对方留下好印象的人喜欢我们，这一点才是十分重要的。除这些人之外，我们是否被别人喜欢，一般说来是无足轻重的。[①]然而，从神经症病人的感觉和行为来看，他们的存在感、幸福感以及安全感仿佛都要取决于自己是否被人喜爱。

他们的这些愿望可能会附加到任何人的身上，可能是理发师，也可能是宴会上刚认识的朋友，甚至一切女人或一切男人。因此，对他们来说，一个问候或者一个电话是热情洋溢还是略显冷淡，都可能改变他们的全部心情，甚至改变他们对生活的全部看法。

这里我要提到一个与此相关的问题，那就是他们无法独处。他们中的一些人会因为孤独而感到烦躁，另一些则会因为孤独而

① 这种说法在美国或许有争议，因为在美国的文化里，让公众喜爱自己是所有人都力求达到的目标。

产生恐惧。我并不是在说那些本来就百无聊赖的人，只要处于独处环境就觉得索然无味；而是说那些本来就聪明、充满精力的人，他们在非独处的情况下都能正常地享受生活。例如，我们经常会见到这样一些人，他们只有在身边有许多人在场时才能够工作。一旦要他们独自一人工作生活，就会感到不舒服，难以忍受。当然，这种需要有人陪伴的愿望还包含着其他因素，但总体上体现着焦虑、体现着对爱的需要，用更准确的词来说体现了某种与人接触的需要。这些人随时有一种孤单无依、四处漂泊的感觉，所以与任何人的接触，都会成为他们的安慰。我们还发现，在实验中这种无法独处的状态往往会随着焦虑的增长而加剧。有些病人，当他们感觉到自己处在自己设置的保护墙内，就能够一个人独处；可如果这面墙被精神分析所攻破，焦虑会随之而起，他们就再也无法忍受孤独的状态了。但在精神分析的过程中，这种暂时性的过度损伤是无法避免的。

对爱的病态需要可能会集中在某个具体的人身上，例如集中在丈夫、妻子、医生、朋友身上。一旦这种情况发生，那个人的忠诚、关心、友善，甚至他的在场，就会变得无比重要，但这种重要性却具有一种矛盾的性质。一方面，神经症病人需要别人的关注和在场陪同，害怕别人讨厌自己，别人不在身边就会觉得冷清；另一方面，当他真正与需求的人在一起时，他却不会感到更多的幸福。如果神经症病人能够意识到这一矛盾，他一定会对此感到困惑。显然，这种希望别人在身边的愿望，并不代表着真正的爱，而仅仅是一种对安全感的需要，通过别人在自己身边来获取安全满足（当然，真正的爱与为了获得安全感而追求的爱，可能同时存在，但这两种感情不一定相互吻合）。

对爱的渴望也可能集中在某些群体中，多为有共同兴趣和共同利益的人。例如集中在某些政治或宗教团体中，或者集中在某一性别的人身上。如果这种对安全感的需要集中在异性身上，这种情形看上去就会显得很“正常”，同样，与之相关的人也会自认为这是“正常的”。例如，有这样一种女人，她们身边没有男人时就会叹息命运，很快就会对某个男人产生感情，要不了多久这种爱情就会中断，她们再次陷入感叹以及焦躁不安中，然后再对某个男人产生爱情。永远都是这样反复循环，从不停止。所以这并不是对爱情和男女关系的真正渴望，这种关系中充满了矛盾与冲突。这些女人追求男人时不加任何选择，只希望有一个男人在自己身边就行，并不意味着真正喜欢某个男人。在这种情形下，她们甚至不能得到生理上的满足。当然实际情况还要更复杂，我只是想强调，焦虑和爱的需求在发挥着重要作用。

在男人身上也可以发现这类人。这些人希望被任何女人喜欢，一旦跟男人们处在一起，就会感觉坐立不安，这种心理倾向带有强迫性。

如果这种对爱的需要集中在同性的人身上，那么它就很可能成为决定同性恋的或潜在或明显的因素。如果太多焦虑把通往异性的道路所阻塞，那么对爱的需要就可能逐渐偏向同性。这种焦虑并不总是显现出来，而是可能隐藏在对异性的厌恶和冷淡之中。

由于爱的获得是如此重要，神经症病人自己都没意识到他们愿意为此付出任何代价。而付出代价最普通的一种方式是顺从的态度和情感上的依赖。这种顺从态度一般表现出顺从别人的意见，不敢对别人进行批评，总是赞赏、同意、表示忠诚。这种类型的人一旦允许自己批评他人，就会感到焦虑不安，哪怕这种批评建议是无害的。这种过分的顺从态度，使神经症病人遏制了他的攻击性冲动，可是也扼杀了一切自我肯定的倾向。他们会任由自己被人辱骂，或者被迫做出牺牲，哪怕这件事对自己很有害。例如，他想要得到其爱的那个人是专门从事糖尿病研究的，那么他的自我否定可能会让他产生想患糖尿病的愿望，以期获得那个人的关注。

与这种顺从态度很类似，并且也和它交织在一起的是感情上的依赖。基于神经症病人总是想要紧紧抓住某个能提供保护承诺的人的心理需要，这种感情上的依赖才产生。而这种依赖不仅会导致漫长的痛苦，甚至有可能毁掉一个人。例如，在人际关系中，总会有一些人完全无计可施地依赖他人，即便他意识到这种关系是多么不可靠。这类人一旦得不到一句亲切的话，或者一个友善的微笑，就会觉得整个世界都会崩塌了一样。如果苦等一个电话不来，他就可能会为此焦虑不已，如果有人从来都不去看他，他就会感到格外凄凉孤独。纵然如此，他却无法摆脱这种关系。

这种感情上的依赖结构十分复杂，在一个人完全依赖另一个人的关系中，怨恨就会不可避免地大量存在。依赖别人的人会怨恨自己遭受“奴役”，怨恨自己不得不顺从他人，但出于害怕失去他人的恐惧，自己又不得不继续顺从。他不知道正是自己的焦虑导致了这种状况，所以理所当然地把这种状态看成是别人强加给自己的。在此基础上产生的怨恨必须受到压抑，因为他迫切想要得到别人的爱，可这种压抑反过来又会产生新的焦虑，随之产生新的对安全感的需要，进而又强化了他依附他人的冲动。逐渐地，某些神经症病人会对情感上的依赖产生非常强烈而现实的恐惧，这就是，会担心自己的生活有朝一日毁在这种依赖上。当这种恐惧越来越严重时，他们可能会通过脱离他人、拒绝依附任何人，来达到保护自己、对抗感情上的依赖的目的。

有时候，在同一个人身上的依赖态度可能会发生很大的转变。在经历了某些痛苦的经历后，一个人往往会盲目地反抗一切与这种依赖类似的态度。例如，一个姑娘经历了许多次恋爱，而每次恋爱都以她要拼命依赖对方而终结，到最后她可能就会发展成对所有男人都保持疏远，把男人玩弄于股掌之中，但不会动任何真感情。

关于这一点，也非常直观地体现在神经症病人对待其精神分析医生的态度上。通过分析治疗对自己更加了解，这本来是对病人大有好处的事，但是病人却总是忽略自己的利益而企图取悦医生，为的是赢得医生的注意和赞赏。

尽管病人想要快点结束治疗的理由很充分，毕竟分析治疗过程中他可能会遭受一些痛苦，或者时间有限，他不能经常来治疗，但是这些理由有时看起来好像与病人并没有什么关系。例如，他会浪费大量的时间，滔滔不绝地讲述自己的故事，希望以此得到医生的一些赞赏，甚至每次治疗时，他都会想方设法地让医生感到有趣或者高兴，并以此获得医生的赞许。

这种情形有可能发展为，病人的联想甚至是梦境都会被这种希望引起医生关注的愿望影响。或者，他也可能对医生产生依恋，自认为除了医生的爱以外什么都不想要，还想通过真情来打动医生。由此也可看清病人对对象不加选择的倾向，每一个精神分析医生对他来说好像都是人类的模范，或者完全符合每个病人的期待。当然，或许精神分析医生确实是他在任何情况下都会爱上的人，但就算这样，也仍然不能够说明精神分析医生在他的感情上是无可替代的。

人们通常所说的“移情作用”(transference)，指的正是这一种现象。不过这种说法略显不当，因为移情作用包含了病人对医生产生的全部非理性反应的总和，而不仅仅是感情依赖。这种感情依赖为什么会在治疗过程中发生，并不是问题的关键，因为这种需要获得保护的病人会依赖任何医生、工作人员、朋友或家庭成员等。而问题主要在于，为什么这种依赖如此强烈而又频繁地发生？答案很简单：除其他作用外，精神分析总是能够打破病人为了对抗焦虑而建立的壁垒，并激发出潜伏在壁垒背后的焦虑，随着焦虑的增长，病人就会以各种方式抓住精神分析医生不放。

这里，我们又一次发现这种依赖与儿童对于爱的需要完全不同。儿童之所以需要更多的爱和关心，是因为他缺乏自主生活的能力，他的依赖态度不存在任何强迫性的因素，只有那些忧心忡忡的儿童，才围绕在母亲身边寸步不离。

对爱的病态需要的第二个特征也完全跟儿童对爱的需要不同，那就是对爱的需求永不满足。当然，孩子也可能会不停地向父母要求更多的关心和注意，以便一遍又一遍地确认父母对自己的宠爱，如果这样，这就说明他是一个病态的孩子。但是在温馨可靠的家庭氛围中成长的健康孩子，根本不会怀疑父母对自己的爱，所以他也不需要不断求证这一点。需要帮助时能得到援手，这令他很满足。

神经症病人有一种永不知足的性格特征，表现在贪得无厌、疯狂抢购、狼吞虎咽，以及迫不及待上。多数情况下，这种贪婪会被压抑，但是也可能随时爆发出来。例如，某人平时购买衣服非常节俭，但是却有可能在一次焦虑爆发时，一下子购买四件昂贵的大衣。总之，这种贪婪可以像海绵吸水一样温和，也可以如章鱼抢夺般凶猛。

在精神分析文献中，这种贪婪的态度所有的表现形式以及抑制作用，被称之为“口唇欲”。构成这一术语的理论假设把所有孤立的倾向整合成了一种症候群，尽管这样的假设很有价值，但是认为所有的倾向都源于口唇快感，却是值得怀疑的。诚然，贪婪总是表现在需求食物和吃东西的方式上，同样，它也可能在梦中以更原始的方式表现同一种倾向，例如梦到吃人肉。但这样的现象并不能表明，我们因此必须把它们归结为根本意义上的口唇欲望。所以，似乎另外一种假设更能成立，即通常情况下，吃只不过是满足贪婪的最直观手段，无论这种贪婪感源自什么。就像体现在梦中，吃正是贪得无厌的欲望的最原始象征。

相同的，认为这种“口唇欲”或“口唇态度”具有里比多性质的假设也缺乏根据。显而易见，贪婪态度在性领域中也是有所表现的，表现为不知满足的实际性行为和在梦中用吞咽来象征的交媾。但贪婪同样也可以表现在对金钱和服饰的贪求上，也可以表现在对权力与名望的热烈追求上。能够被用来支持这种里比多假说的唯一说法就是，贪婪的强烈程度通常类似于性驱力的强烈程度。但是，我们除非假设任何一种强烈的驱动力都具备里比多性质，否则就要拿出证据去证明贪婪就是一种性欲，一种前生殖器性驱力。

关于贪婪的问题十分复杂，至今也无法解决；跟强迫行为一样，它也是由焦虑推动的。在过度手淫和暴饮暴食的案例中可以清楚地看到，贪婪会受到焦虑制约。这两者的关系也会表现在这样的事实中，即当一个人通过某种方式获得安全感，比如获得爱，或者取得事业的成功，工作有建设性的进展，贪婪感就会极大地减弱乃至完全消失。感觉到自己正被人爱，可以减轻很大的强迫性购买的愿望。一个女孩子总是对食物垂涎欲滴，可一旦她开始从事自己十分羡慕的职业，如服装设计等，她就完全可能忘记饥饿，忽略吃饭的时间。相反的，敌意和焦虑的增强，会导致贪婪的加剧。一个人在观看过一场惊悚电影后，会不由自主地逛商场购物，或者在被人冷落过后，自然而然地想要去大吃一顿。

但是有很多人内心同样焦虑，却并没有变得十分贪婪，这就表明还存在着一些与此相关的特殊因素。在这些因素里，目前唯一能确切指出的即是，贪婪的人不相信自己能够创造事物，因此不得不依靠外部环境来满足自己的需求，但同时他们又不相信任何人愿意帮助他们。对爱的需求贪婪的神经症病人，在物质需求上同样贪婪。例如，在时间与金钱上，在遭遇问题寻求建议上，在遭遇困难寻求帮助上，以及在面对礼物、消息，包括性满足等方面上都是如此。在一些情况下，这些欲望都明确地表明了希望得到爱的态度，但是在其他情况下，这样的解释却并不令人信服。在后者中，人们总会产生某些印象，那就是神经症病人只是想得到许多东西，而这些东西并不一定是爱。即使存在对爱的渴望，那也不过是为了索取某些实际利益而披上了一层伪装。

这样的观察带来了一个问题：对物质事物的贪婪是不是最基本的现象，而对爱的需要只是为了达到这种目标使用的一种手段。这样的问题并不会有标准答案，稍后我们就会看到，渴望据为己有，正是对抗焦虑的一种最基本的防御机制。不过就经验来看，在某些病例中，对爱的需要作为最主要的一种保护方式，也很可能受到强烈的压抑，以致体现得并不明显，因此对物质的贪婪就会短暂或持久地取代对爱的需要的位置。

在关于爱的作用问题上，可以大致分出三种不同类型的神经症病人。第一种类型的神经症病人想要获得的就是爱，无论他们采用了什么方式或手段。

第二种类型的病人虽然也在寻找爱，但一旦遭遇失败，不能通过某种关系得到爱——事实上他们往往会失败——他们就会通过逃避来远离一切人。为了不让自己依附某一个人，就强迫性地让自己依赖其他事物，所以不停地进食、购物、阅读等等，总之要不断地得到某种东西。这种变化有时候会以十分怪异的方式出现，例如有一些人，在恋爱失败后就开始不由自主地贪吃，以至于短时间内他们的体重居然能增加 20—30 磅；而一旦他们重新开始恋爱，体重就会逐步下降；若这次恋爱再次遭遇失败，则他们的体重又会增加。

有时候，我们也可以从病人身上观察到类似的情形。当某些病人对精神分析医生感到失望后，就不受控制地变得贪吃，体重迅速增加，胖得甚至连医生都几乎认不出来。可是当他们与医生的关系好转后，体重就会开始下降，恢复原来的样子。这种对食物的贪婪也可能会遭到压抑，这时候就会表现为食欲减退或者功能性消化不良。在第二种类型的病人中，个人关系比第一种类型病人更加脆弱，他们也渴望获得爱，但是任何的失望都会让他们切断与别人的关系。

第三种类型的人由于过早地遭受到巨大挫折和打击，导致他们已经对任何爱都充满怀疑。他们的内在焦虑太过深刻，以至于只求不遭到任何正面的伤害，他们就会感到心满意足。他们或许会对爱冷嘲热讽，更愿意去实现那些实际的愿望，例如物质上的帮助，有建设性的告诫，以及肉体上的满足等。当他们的大部分焦虑逐渐消除后，他们才有可能去追求爱、欣赏爱。

这三种类型的态度可以概括为：1. 对爱的需要永不满足；2. 对爱的需要与一般的贪婪交替发生；3. 对爱的需要不明显，只表现出一般的贪婪。这三种类型都表明了焦虑与敌意在同时增长。

回到讨论的主要方向上，我们现在要思考的是永不满足的爱的特殊表现方式。其主要表现就是嫉妒以及要求对方无条件的爱。

病态的嫉妒与正常的嫉妒不同，正常的嫉妒是面临可能失去对方的爱的危险而产生的一种正常反应，但是病态的嫉妒却是与失去爱的危险的大小不相称的。它具体表现为一直害怕失去对对方或者对方的爱的占有，因此对方产生任何的其他兴趣，对他来说都是潜在的危险。

任何人际关系中都会出现这种嫉妒，例如父母会嫉妒子女交朋友、谈恋爱、结婚；子女也会嫉妒父母之间的关系；甚至在恋爱或婚姻中双方互相嫉妒。在医生和病人的关系中也有该现象出现，例如，病人得知医生去看另一个病人，或者只是提到另一个病人，就会敏感嫉妒。他们的信条就是：你只能爱我一个人。病人或许还会这样说："我知道你对我好，但是你对别人可能同样好，因此你对我的好根本不能说明任何问题。" 任何要与他人分享的爱，对于神经症病人来说，没有丝毫价值。

童年时代对兄弟姐妹的嫉妒经验，或者对父母某一方的嫉妒经验，被认为是这种病态的嫉妒心理的重要来源。在健康儿童中发生的兄弟姐妹之间的嫉妒，例如家里有了新生婴儿，只要他确信自己并没有因此失去爱和关怀，嫉妒就很快地消失，不会留下任何创伤。从我的经验来看，童年时代发生的无法克服的过分嫉妒心理，正是由于儿童也处在成年人所处的病态环境里，前面我提到过这一点。儿童在此时，已经产生了由基本焦虑推动的对爱不知足的需要。

在精神分析的著作中，儿童和成人两者之间的嫉妒心理往往会被混淆，错误地把成人的嫉妒心理当成儿童嫉妒心理的"再现"，例如，一位成年妇女嫉妒自己的丈夫，是因为她曾同样嫉妒过自己的母亲，这样的说法是大为可疑的。儿童对父母或者兄弟姐妹的嫉妒心理，并不是其日后产生嫉妒心理的根本原因，因为儿童的嫉妒与成人的嫉妒都是从同一根源中产生的。

对爱永不满足的需要会以比嫉妒更强烈的方式展现出来，那就是要求对方无条件的爱。这种要求体现在人的自觉意识里是："你需要爱我这个人，而不是爱我的所作所为。" 如果只限于此，那么这种愿望并不过分；希望别人爱自己而不是爱自己的行为，这在任何人看来都不奇怪。但是神经症病人期望得到比常人愿望范围更大的无条件的爱，他们对爱的要求不允许有任何条件和保留，这样极端的形式根本不可能实现。

第一，这种要求包含一种自私的愿望，即你要爱我而不能计较我的任何不好的行为。这种愿望是一种对安全感的追求，神经症病人内心深处十分清楚：自己满怀着充满敌意和过分的要求，一旦敌意暴露出来，对方就会收回对他的爱，甚至愤怒地进行报复，因此他们对此非常恐惧。这种类型的神经症病人持有这样一种态度："爱一个可爱的人十分容易，因此并不说明任何问题，那些真正的爱应当能容忍对方所有激怒任何人的行为。"基于这种态度，任何批评都会被神经症病人看作是不再爱自己的信号。在精神分析过程中，医生出于分析治疗的目的，暗示病人应该改变其人格中某些方面，结果会激起病人的仇视心理。因为他把任何形式的"批评"，都当作是需要爱而得不到爱的失败。

第二，神经症病人要求无条件的爱，包含着一种希望被人爱但不会给人回报的愿望。这种愿望之所以重要，是因为神经症病人清楚地知道自己没有能力感受温暖，也没有能力给予任何爱，同时他也不愿意去感受和给予任何爱。

第三，神经症病人的要求中还包含着一种需要爱但不会给人任何好处的愿望。神经症病人总是会怀疑："对方如此喜欢我，只是为了从我这里得到好处或满足。"体现在性关系中，此类病人会嫉妒对方从性行为中得到了满足，会觉得自己之所以被爱，只不过是对方为了获得这种满足。而在精神分析的治疗过程中，此类病人甚至会嫉妒医生，因为医生在帮助他的过程中获得了满足。因此，他们会贬低医生给予的帮助，或者嘴上承认自己得到的帮助，但内心却没有丝毫感激之情。要么，他们会把病情的任何好转归结为其他原因，例如吃的药起了作用，听了朋友的建议很有帮助等等。当然，医生向他们收费，也会让他们耿耿于怀。尽管他们都懂得收费是再正常不过的事情，是对医生付出时间、精力与知识的报酬，可他们也认为收费正表明了医生不是真正关心自己。同样，这种类型的病人也不会习惯赠送礼物，因为那样会让他们搞不清楚自己是不是真正被人喜爱。

最后，在对无条件的爱的要求中，还包含着希望对方不但要爱自己，还要为自己牺牲的愿望。神经症病人认为只有对方为他牺牲了一切，才能够证明对方的确是爱着他的。这些牺牲不但包括时间和金钱，甚至还会涉及对方的人生信念以及人格完整。例如，要求对方在任何情况下，哪怕是大难临头也要始终和他站在同一阵营。有这样一类母亲，她们天真地相信自己希望获得儿女无条件的忠诚是天经地义的事，因为她们生育儿女付出了巨大代价。另一类母亲尽管给了子女正面的支持，压制了自己想要得到儿女无条件爱的愿望，但是她们在这样的母子关系中没有获得任何满足。正如前面举例说明的那样，她们感到儿女之所以爱她们，只是因为儿女从她们身上能得到更多的爱。所以，她们对于自己给予出去的一切，都会怀着嫉妒心理。

对无条件的爱的要求，其内涵是冷酷而又自私的，它清晰地显示出：在神经症病人对爱的要求背后，其实隐藏着一种内在的敌意。

这种类型的神经症病人跟那些吸血鬼类型的人不一样。吸血鬼类的人可能是有意识地要对别人刮骨吸髓，要把对方压榨得一干二净；而神经症病人往往并没有意识到自己正是这一类人。可以说，神经症病人会让自己永远意识不到自己有如此要求，谁也不会承认说："我就是要你为我牺牲，而我不会有任何回报。"所以他总是会把这种要求建立在某些正当的基础上，例如他生病了，就需要有人为照料他做出牺牲。还有一个掩盖自己过分要求的理由是：我知道这样的要求很不合理，但是这种性格一旦养成很难改变，我现在已经认识到不合理了，以后我就会慢慢改变。

除了以上这些根据，对爱的无条件要求还来自于神经症病人的一种信念，他们深信自己无法自食其力，所需要的一切都要别人来给予，并且把生活里的一切责任都放在别人的肩上。所以，想让神经症病人放弃他对于无条件的爱的要求，就几乎等于要他改变全部的人生态度。

对爱的病态需要的一切特征都在表明一个事实：神经症病人自己内心矛盾重重，阻拦着他去得到需要的爱。那么，当神经症病人的要求只能部分实现，或者根本无法实现时，他会做出什么样的反应呢？

第八章

获得爱的方式和对冷落的敏感

我们时代的神经症人格

The neurotic personality of our time

在思考神经症病人是怎样迫切地需要爱，同时又是怎样难以接受时，我们或许认为：在一种温和又适当的情感氛围中，他们可能会获得最大的满足。但是另一个复杂的问题又出现了，即在此同时他们又会痛苦地对哪怕最轻微的冷落和拒绝极度敏感。那种不冷不热的气氛一方面让人感到安全，另一方面也会让人产生被冷落的感觉。

他们对于冷落的敏感程度我们很难描述。约会被延期，等待时间稍长，没有得到立刻的答复，甚至意见不合，任何的不顺心、没有顺利实现自己的要求，都会被神经症病人看成一种拒绝和冷落。这种拒绝和冷落会把他们重新带回原来的焦虑之中，也会被他们视为一种侮辱。

后面我会解释他们把这种冷落当作侮辱的原因。正是由于这种冷落的确具有侮辱的性质，所以总会激起神经症病人的愤怒。例如，一个神经质的女孩会把自己的猫摔到墙角，只因为猫咪没有对她的亲昵给予回应。如果有人要神经症病人稍等片刻，他们就会认为这代表着自己在别人眼中无足轻重，所以对方没必要对他准时。这样的理解会使他们产生强烈的敌意，甚至完全收回自己的感情与期待，态度变得冰冷。而就在几分钟前他们还明明迫不及待地期待见面。

冷落感和恼怒感之间的关联往往是处于无意识状态的，这种情况极易发生，因为冷落感可能十分轻微，根本不会被人察觉。这时神经症病人就变得容易被激怒，或者满腹怨气，不停地发牢骚，乃至头疼难忍。更重要的是，这种敌对情绪不单单发生在遭受冷落或者自认为遭受冷落后，就连他们预先想到遭受冷落时也会发生。例如，一个人怒气冲冲地发表自己的观点，可能就是因为他预想到自己会遭到拒绝，才如此强势。这类人也不会送花给女朋友，因为他预感到女朋友会从中发现什么有预谋的动机。他们也可能会因此害怕表现出喜爱、赞赏、感激之类的正面感情，甚至可能因为预想到会遭到女人的冷落，而用玩世不恭的态度对待女人。

对冷落的恐惧如果愈演愈烈，那么就可能导致其逐渐躲避自己，不让自己暴露在任何可能发生的冷落与否认中。这样逃避的范畴可以从买香烟而不敢要一根火柴，一直到不敢去找工作。因为害怕遭到任何的冷落，所以不敢接近自己喜欢的人，没有把握就绝对不碰钉子。这种类型的男性通常会因为必须主动邀请女孩跳舞而感到怨愤，他们会怀疑女孩接受他们的邀请只是出于礼貌；

还会认为这一点上女性要幸运许多，因为她们用不着先采取主动。

换句话说，这种对于冷落的恐惧有可能引发更多的抑制，让自己变得胆小而腼腆。这种腼腆可以用来保护自己，不让自己暴露在冷落拒绝当中；而认为自己不会被人爱，同样也是他们的一种自我防卫。这种类型的人仿佛随时提醒自己："不会有人喜欢我，所以我不如早点靠边站，省得再被人冷落。"所以说，妨碍获得爱的一个重要障碍，就是这种对冷落的恐惧，因为它会让神经症病人抑制渴望得到别人关注的心理。而且，这种由冷落激起的敌意会让焦虑越来越强烈。所以，这种对冷落的恐惧就是造成让人难以逃脱的恶性循环的主要因素。

这种对爱的病态需要形成的恶性循环，含有种种不同的内涵，大致示图如下：焦虑→过分需求爱，需求具有排他性的无条件的爱→由无法实现要求而产生强烈失落感→用敌意对失落感做出反应→因为害怕失去爱而压抑敌意→由压抑造成弥漫性愤怒→焦虑持续增长→进一步需要获得安全感……如此循环，本来是用来对抗焦虑的手段，反过来又产生了新的敌意和焦虑。

恶性循环的形成，不但在我们现在讨论的范围内具有典型的意义，广义来说，它正是神经症中最重要的过程之一。任何一种自我保护的措施，在带给人安全感之外，都可能带来新的焦虑。例如，一个人选择喝酒来减轻焦虑，但是他很快就会担心饮酒对身体有害。也许，他可以选择手淫来减轻焦虑，接着就会担心手淫使自己生病。也许，他可能选择治疗对抗焦虑，紧接着就会担心治疗也会对身体有害。

这种恶性循环的形成恰是严重的神经症最终恶化的重要原因，哪怕外部的环境没有改变。所以，找寻这一恶性循环及其内涵，正是精神分析领域最重要的任务之一。只靠神经症病人自己是没办法掌控这些焦虑的，他只能注意到焦虑造成的后果，仿佛自己陷入了毫无希望的境地。这种身陷罗网的感觉正是他们无法战胜困难时的一种反应。任何一种指引其脱离困境的方法，都会再次让他们深陷新的危险之中。

或许有人会问：尽管存在着很多内心的障碍，神经症病人还有没有可能获得其坚决想要得到的爱呢？这里有两个需要解决的问题：首先，如何获得想要获得的爱；其次，如何使对爱的需求在自己以及别人看来都很合理。

获得爱的方式大致可以分为以下几种：1. 收买拉拢；2. 乞求同情；3. 追求公正；4. 威胁恫吓。当然了，这种分类，就像其他心理因素分类一样，只是具有一般趋向的特征，而没有按照严格规范的方法分类。这些不同的方式彼此不会相互排斥，可以同时或交替使用，这需要取决于整个外部环境和内在性格结构，也取决于敌意的强烈程度。这四种获得爱的方式依次排序，这也表示了敌意的程度逐渐增加。

神经症病人用收买拉拢的方式获取爱的时候，他们的态度往往是："我那么爱你，所以你必须要回报我的爱，甚至为了我的爱牺牲一切。"在现实生活里，这种态度经常体现在女性身上，这也是由女性长期所在的生活环境导致的。长久以来，爱始终是女性生活的一块特殊领域，同时也是女性实现自己愿望的重要途径。男性在成长中通常会持有这样一种观念：想要实现某种愿望，就必须在生活中取得更大的成就。而女人们则大都相信只有通过爱才能够获得幸福、地位和安全。这两种文化地位上的差异，在男性和女性的心理发展上产生了巨大影响。自然，在这里讨论其影响是不恰当的，但其所造成的后果之一，就是在神经症病人中，女性要比男性更多地以爱作为一种策略；同时，她们对爱的主观信念，更容易让她们把这种要求变得合理化。

这一类型的人会在恋爱关系中陷入依赖对方的痛苦，导致关系处于危险境地。想象一下，一个怀有对爱的病态需求的女人，依附于同样类型的男人，女人向男人逼近一步，男人就会后退一步。很自然的，女人会对这种排斥拒绝做出带着敌意的强烈反应，但同时她又因为害怕失去男人而对这种敌意加以压制。但是，如果她有所退缩，男人就会紧追她以求获得她的青睐，这样她不但要压抑自己的敌意，还要用一种夸张的爱来掩盖敌意。这样，她就会再次遭到排斥，再次产生敌意，而最后又再次产生浓烈的爱。如此反复，她就会相信自己是被某种不能战胜的情感所支配。

还有一种收买拉拢的展现方式，那就是试图理解对方，从精神层面和事业发展的角度来帮助对方，帮助对方解决各种麻烦困难，这种方法男女双方都会有所使用。

第二种获得爱的方式是乞求同情，神经症病人往往会用他正遭受的痛苦以及他的无依无靠来引起别人的注意。那种状态好像随时在说："你必须爱我，因为我正遭受痛苦，而且无依无靠。"同时，当他向别人提出过分要求时，痛苦往往可以作为一个比较正当的理由。

有时候这种乞求会以非常公开大方的方式展现出来，病人总是会强调自己病得有多厉害，以此来谋求医生的最大关注。他们甚至会鄙视那些外表看起来比较健康的病人，而对那些更加熟练使用这一技巧的人他们也会怀有强烈敌意。

在乞求别人的怜悯时，也或多或少地带着敌对心理。神经症病人既可以单纯地乞求别人的善良，也可以运用极端手段强迫别人施以恩惠。例如让自己处于极度惨烈的环境中迫使别人帮助他，每一个在社会工作或医务工作中与神经症病人打过交道的人，都会明白这种手段的具体形式。一种神经症病人会用就事论事的态度面对所处困境，另一种神经症病人则会企图展示自身困境来激发旁人的怜悯，这二者之间的区别很大。我们也能在不同年龄的儿童身上发现类似的倾向和形式：孩子会向父母诉苦，以获得父母的安慰；也会下意识通过陷入困境来引起父母关注，比如不能进食，不能排便等等。

通过乞求同情的方式获得爱，说明病人预先有一种自认无法以任何其他方式获得爱的意识。这种意识可以理解为不相信一切爱，也可以理解为：在某些环境下，爱只能通过乞求同情的手段来获得，而不是其他的任何方式。

在第三种获得爱的方式，也就是追求公正的方式中，神经症病人往往持有这样的信念："我为你做了那么多事情，你应该为我做点什么。"在大众文化中，母亲经常强调为子女做了多大的牺牲，所以子女有义务保持对她们的忠诚。在恋爱关系中，答应对方的求爱，也可能在日后作为向对方提要求的资本。

这种类型的病人总是过分热心地为别人效劳，但内心深处却有一种隐秘的想法，那就是期待对方的回报，期待从对方那里得到自己想要的一切，如果对方并不能满足自己，病人就会十分失望。当然，这并不是说那些有意识盘算回报的人，而是那些根本没有意识想要得到回报的人。

这种强迫性的慷慨，更类似于一种变戏法的状态，也就是他们为别人所做的一切，都是他们希望别人为自己做的一切。通过没有达成回报的失望带给他们的强烈刺激，来证明期待回报的心理事实上是真实存在的。很多时候，他们的大脑里似乎保存着一个账本，里面记下了别人欠自己的无数人情债，因为自己为对方做了太多的牺牲，尽管这样的牺牲显得毫无用处，但别人为他们做的牺牲他们记的就没那么清楚了。因此，他们忽略了现实，要求自己被特殊照顾。反过来，基于这种态度，神经症病人会非常害怕欠别人的情，他们用这种心态去揣测别人，以为接受了别人的帮助，别人就会要求他有所回报。

这种诉诸公正的手段，也会建立在这样的一种心理上：如果我有机会的话，我是十分愿意为你这样做的。神经症病人会不断强调，如果自己处在对方的位置上，他就会如何乐于牺牲。所以他们会认为自己的要求是完全合理正常的，因为自己并没有过分要求，这些要求也是自己愿意去做的。其实，神经症病人这种“合理”的心理，远远要比他自己意识到的更复杂。因为他们把要求别人做的事当成了自己在做，这完全是一种无意识的行为，并非来自欺骗，他们的的确确有自我牺牲的倾向。他们缺乏对自我的肯定，总会以失败者自居，总是对别人宽容以求，也期望能得到别人的宽容。

诉诸公正的手段会包含某种敌意，最为明显的表现就是会要求为自己受到的伤害要赔偿。这时候神经症病人的信条就是：“你伤害了我，你让我痛苦，所以你必须要帮助我、照料我。”这种策略很像创伤性神经症病人常使用的策略。我本人对于创伤性神经症病人没有过多经验，但是我相信创伤性神经症也属于这一范围，他们都会以自己受到伤害为借口来要求别人给予那些想要的东西。

我举几个例子就能够说明神经症病人所使用的方法，他们会通过使对方产生犯罪感或者内疚感，来让自己的要求显得正当有理。例如，一位妻子因丈夫的不忠而病倒，妻子并没有对丈夫表达任何情绪，但是她的生病却是一种含蓄的谴责，为的就是让丈夫产生犯罪感，达到让丈夫自觉地回到家庭的目的。

再例如，一个患有迷狂症和歇斯底里症的神经症病人，她总是坚持帮助自己的姐妹们做家务事，可是过了一两天，她又会不自觉地因为姐妹们接受了她的帮助而十分生气。结果导致她症状加重卧病在床，姐妹们不仅要自己料理家务，还要花费更多的时间和精力来悉心照顾她。同样，她的健康状况受损也成为一种责难的表达，以此来要求别人对她做出赔偿。有一次，当姐妹们向她提出批评时，她竟突然晕倒，用以表达自己的怨恨，并强迫姐妹们对她给予怜悯和同情。

我曾有一位病人在接受精神分析时，病情变得越来越严重，乃至产生了幻想，认为精神分析不仅要让她的精神完全崩溃，还要夺走她的全部财产。所以，这位病人开始觉得，未来我有责任照料她的全部生活。类似的反应在不同的治疗过程中都会见到，而且还会见到有病人对医生进行公开威胁。如果是在轻微的程度，这类情形经常出现：精神分析医生外出度假，病人的病情总会明显加重，这时他会公开或者隐晦地表示，是医生的过错导致他病情加重，所以，他有特殊的权利要求医生对他更加关注。这种例子可以很容易地应用到我们的生活中，以此来对照我们的经验。

正如这些例子所展现的，这种类型的神经症病人很可能宁肯以付出痛苦为代价，甚至是巨大的痛苦，因为这样一来他们就可以表达对别人的责难，并提出要求。只是他们自己并不能意识到这一点，因此他们觉得自己的行为是维持了理所当然的公正。

当一个人用威胁的手段去获得爱时，他可能威胁要伤害自己或者对方。他会用不顾一切的方法来破坏自己和对方的名声，或者对自己和对方施加暴力。最常见的例子就是以自杀相威胁，甚至以自杀企图相威胁。我曾有一位病人用这种威胁方法，先后获得了两个丈夫。她的第一任丈夫想要退出婚姻时，她跑到市中心最热闹、最引人瞩目的地方去跳河；而她的第二个男人对婚姻不情不愿时，她又在能保障自己可被及时发现的情况下打开了煤气。她想表达的意图很明显：没有你我就活不下去。

因为神经症病人是借用威胁的方式来获得别人对他要求的认可，只要有希望满足他们的要求，他们就不会动用威胁的手段。可一旦他们发现没有成功的希望，在绝望和报复心的驱使下他们就会展开种种威胁。

第九章

性欲在爱的病态需要中的作用

我们时代的神经症人格

The neurotic personality of our time

爱的病态需要往往会以性迷恋或者永不满足的性饥渴的形式出现。基于这样的事实，我们必须要提出一个问题，即神经症病人对爱的病态需要的全部状态，是不是全都由性生活的不满足所导致的？他们渴望爱与支持，渴望赞赏与被接触，是不是并不全是出于安全感的需要，而更多的是由里比多无法满足所导致的？

弗洛伊德肯定会倾向于这样的思路。他发现很多神经症病人都急切地去接触别人，并依附于对方，他就把这种现象表述为里比多的不满足造成的。但是这一态度是建立在某种前提基础上的，即要先假定所有并不具备性色彩的表现，包括渴望得到赞许、支持的愿望，都是经过淡化或者提升过的性需要表现，甚至还会把温情也当成是受过提升的性驱力的表现。

这些前提都是没有经过证实的，实际上情爱和温柔的感受跟性欲之间的关系并没有想象中那么深厚。人类学家和历史学家早已指出，人的爱是文化发展必然的产物。布利弗奥特[①]的观点是：相比于性欲与温情，性欲与残酷的关系更加紧密。虽然这种说法并不能使人信服，但是通过观察我们的文化即可知道，性欲的存在并不一定伴随着爱与温情；反之，爱与温情的存在，也不一定伴随着性欲。例如，没有任何证据表明母子之间的感情是存在性欲的，我们所观察的可能存在性因素的一切，还都是弗洛伊德发现的。温情和性欲之间的确有很多关系，例如温情可以作为性欲的前驱，或者因为性欲而感到温情，温情被性欲刺激增长，乃至完全成为温情。尽管温情和性欲之间有不同的转化形式，表明两者存在密切关系，但我们还是要小心谨慎，不如假设两者是完全不同范畴的概念，它们既可以相互转化，也可以相互取代。

况且，如果按照弗洛伊德的说法，认定没有得到满足的里比多是追求爱的动力，那么就产生了一个问题：为什么一些从生理学观点看性生活得到满足的人，也能够发现他们对爱的渴望以及强烈的占有欲，无条件的爱、被冷落等等。类似的情况真实存在着，所以这正说明未得到满足的里比多并不能解释这一现象。这些现象的成因存在于性领域外的范围[②]。

最后，如果认为对爱的病态需要只是一种性欲表现，那么就无法理解与之相关的问题。例如占有欲、冷落感以及无条件的爱

① 罗伯特 · 布利弗奥特：《母亲们》，1927 年版。

② 类似的案例有很多，往往情绪上发生很大波动，但是有具备充分获得性满足的能力。这样的案例难倒了一些精神分析医生，尽管它们不符合弗洛伊德的性欲理论，但它们不会因此就不存在。

等。确实，这些不同的问题都已被发现且有过详细描述，如嫉妒源于兄妹之间的竞争心理和俄狄浦斯情结，肛门性欲产生占有欲，口唇性欲引发无条件的爱，等等。然而没人能意识到，前几章所描述过的种种态度和反应其实都在同一范围，都是一个整体的不同组成部分。不认可焦虑在对爱的需要中的作用，我们就没有办法理解造成这种需求涨落的确切条件。

通过弗洛伊德发散联想的方法，尤其注意病人对爱的需要的变化，我们就能在精神分析过程中，恰当地观察到焦虑和爱的需要两者之间的关系。例如，经过一段时间的配合治疗后，病人可能会突然改变自己的态度，积极与医生合作，想跟医生交朋友；或者变得盲目崇拜医生，又或者对自己只是一个病人的身份极度敏感。病人的焦虑开始增加，这种焦虑有时表现在梦里，有时则表现为忙忙碌碌，有时会表现为腹泻、尿频等生理症状。病人意识不到这种焦虑，更不知道自己日益依赖医生正是由这种焦虑造成的。如果医生把这一表现展现给病人看，病人突然接触到自己依赖医生的原因，就会感到异常焦虑，他们会把医生的解答看作是某种故意的责难或侮辱。

这样一连串的反应大概如下：一个问题出现了，对它的讨论让病人对医生产生了强烈敌意；病人开始仇视医生，梦见希望医生死，但随即他又会压抑自己的冲动，变得非常害怕，出于安全感的需求而紧紧依赖医生。当这些反应都一一发生过后，敌意、焦虑以及随之而加重的对爱的需要，会慢慢淡化。爱的需要的强化，是频繁而有规律地随着焦虑的发生而发生，乃至我们完全可以把它当作预警的信号。这种情绪能告诉我们，病人正在意识到自己的焦虑，开始寻求更多的安全感。我所描述的这样一种状态并不仅存于精神分析过程中，同样也存在于私人的关系中。例如，在婚姻关系中，即便丈夫在内心深处厌恶、惧怕妻子，但他还是会紧密依附她、赞美她，甚至把她理想化。

这种暗藏仇恨的夸张忠诚我们有理由说成是一种“过度补偿”，当然，我们要意识到这一术语仅仅是大致描述了这一过程，并不能深入涉及其成因与推动。

如果因为上面提到的这些因素，我们不同意把对爱的需要用性欲病因学来解释，我们就会有这样的疑问：对爱的病态需要，是不是只是偶尔才同性欲一起出现，或者只是看上去像性欲而已？有没有可能因为一些条件的存在，导致对爱的需要可能以性的方式表现出来或被人感觉到？

性欲的形式是否成为对爱的需要的表现，一定程度上取决于外部环境是否方便。除此之外，也取决于文化、生命力以及性气质的差异。最后，它还取决于性生活是否满意，如果性生活不能满意，那么他就更有可能通过性的方式产生反应。

尽管以上因素是确切存在的，而且也对个人有具体影响，但还不足以说明个体间的基本差异。在对爱有病态需要的人群中，他们的反应各自不同。我们会发现其中有一些病人在与人接触时，会立刻表现出不同程度的性色彩，而有一些则始终能保持正常范围的性兴奋与性活动程度。

前一类型的人，他们通常会从一种性关系立刻转移到另一种性关系中。此类关系可以进一步阐述为：一旦他们得不到性关系，或者不能很快地获得这种关系，就会感到不安或者缺乏保障，继而表现得古怪异常。另一些属于同类型但是抑制倾向较多的男女，尽管他们事实上几乎没有性的关系，却总会在自己和别人之间营造一种爱欲氛围，而且完全不在乎对方是否吸引自己。最后，属于这一类型的第三种人，他们会在性上有更多的抑制倾向，不过就算是这样，他们却很容易进入性兴奋的状态，甚至会控制不住地把任何异性暗中当作自己潜在的性对象。在最后这一种人中，他们会用强迫性手淫来取代性关系，当然，这只是一种可能。

这一类型的人在获得生理满足的程度上，有很大差别。在性需要所具有的强迫性外，他们还有另一种共同点，那就是对性对象缺乏选择性。同时，他们还具有我们考察过的那些对爱的病态需要的性格特征。此外，还有一个令人吃惊的发现：他们一边随时准备进入事实或想象的性关系中，一边在对别人的感情关系中存在着严重的紊乱，也就是一种远超普通人基本焦虑的情绪失调。他们不仅不相信爱，而且就算他们得到爱也无济于事，因为他们的心理早已严重失衡。意思是说，假如是男人，他则已经患了阳痿。他们或许是知道自己的保护性姿态，不然，他们就会埋怨自己的性对象。后一种可能，通常会让他们认为自己从没有遇到过一个称心如意的异性。

对于他们来说，性关系不仅能够缓解特定的性紧张状态，更是人际交往的唯一途径。如果一个人形成了认为自己根本不能获得爱的信念，那么肉体接触就会被用作感情交往的替代品。这种情况中，性关系就算不是唯一的，至少也是最重要的和他人建立联系的重要渠道之一，因此性关系显得无比重要。

在一部分人身上，这种因缺乏选择性而对性对象不加区分的倾向，更多表现在潜在性对象的性别上。他们会努力寻找与他人的性关系，或者被动地屈服于别人的性要求，而不在乎提出性要求的对象是同性还是异性。此处，我们不讨论第一种人，尽管他们也把性作为重要的获得人际关系的手段，但基本动机并不是出于对爱的需要，而是出于征服他人的欲望。这种欲望极其强烈，因此性别的问题就变得不那么重要了。因为在他们看来，男人和女人都必须要征服，包括性以及其他方面。但是第三种人，就是那些被动屈服于同性或异性的性要求的人，他们更多的是因为需要爱。尤其是因为害怕失去对方，因此不敢拒绝对方的性要求，也无法阻止别人对自己提出任何性要求。而他们不愿意失去对方的原因，就在于他们十分迫切地需要和对方接触交往。

在我看来，用双性倾向来解释这种不分男女的性关系是一种误解。在他们的关系中，并没有丝毫迹象表现出他们对同性的真实依恋，只要健全的自我肯定战胜了焦虑，这种同性恋倾向就会立刻消失，就像对异性对象不加选择的倾向也会消失一样。

这段关于双性倾向的结论，也同样能使同性恋问题得到一些启示。在所谓“双性”类型的人和有明确同性恋倾向的人之间，存在着许多不同点。同性恋类型的人有着明确的态度，来表示他为什么排斥异性，不选择异性做性对象。当然，同性恋问题十分复杂，不能仅从一个观点和一个角度去解读。我只能说，我还没有见过一个同性恋者，身上没有同时具备我们在“双性”类型的人身上发现的因素。

近几年来，许多精神分析家都反复指出，由于性兴奋和性满足可以释放内在的焦虑与压抑，因此人们的性欲可能会有所强化和增加。这种解释或许存在一定正确性，但我认为，同样也存在着由焦虑导致性需要增加的种种因素。这一信念的根据在于精神分析的观察，还有从病人与性欲无关的性格特点来对他们的生活史所做的全面考察。

这种病人可能极富热情地依赖医生，迫切地期待得到某种爱的回报。也可能自始至终他们都保持冷淡的态度，把对性亲密的需求转移给外人。这个外人因为某些地方和医生相似，因此实际上就成了医生的替身。这些病人希望跟医生建立性关系的表现，也只是出现在梦中或者与医生见面时的性兴奋状态。这类病人通常对这些标志性的性欲表现感到很吃惊，因为他们根本就没有被医生吸引，也不爱医生。事实上，医生的性魅力在这里压根就没有发挥什么实质的作用，病人对性的需求也并未急不可耐，他们也没有多于或少于常人的焦虑。他们异于常人之处的，是对任何真正的爱都不信任。他们认为如果医生对他们感兴趣，那也只是出于自私的态度，在内心深处他是看不起他们的，而且还会给他们带来更多的伤害而不是好处。

基于病人的这种高度敏感，所以在每次精神分析过程中，他们都可能做出仇恨、愤怒的反应。然而在性需要特别强烈的病人身上，这些反应形成了顽固持久的状态，如同医生和病人之间隔着一堵难以逾越的无形的墙。一旦接触到他们的问题，他们就本能地退后和屈服，逃避分析治疗。这样的表现是他们生活表现的最佳缩影。当然，在精神分析之前他们可能一点都不知道自己的人际关系有多脆弱，他们总是涉足于性关系，导致他们误认为：如果能随时与别人建立性关系，就代表自己有着良好的人际关系。

上述提到的这些心态，总是频繁而有规律地同时出现。所以，只要病人在精神分析开始后，他就会持续地表现出对医生的性欲望或者做与医生有关的性梦，我就会认为他的人际关系处于严重的失调状态。通过观察我发现，医生的性别并不是很重要，那些接受过男医生和女医生治疗的病人，通常对两者都做出相同的反应。这种情形下，如果仅仅根据表面现象，就下结论说病人是同性恋，那么就可能犯下错误。

总的来说，“闪闪发光的不一定就是金子”，看起来像性欲不代表就是真的性欲。事实上大部分有关性欲的现象，都与性欲毫无关系，那只是对安全感的欲望。如果不考虑这一点，就会过高看待性欲的作用。

由于未发现内在的焦虑，而导致性欲高涨的人，很容易天真地把这归结为自己的天性，或者认为自己思想比较开放，不在乎传统习俗的禁忌。这样的错误跟那些高估自己睡眠需要的人犯下的错误一样，这些人想象自己需要睡 10 个小时以上，而实际上他们过高的睡眠需求可能是种种情感的压抑所导致的。睡眠、强迫性进食、饮酒都可以作为逃避内心冲突的一种手段。吃、喝、睡觉、性交构成了生命的基本需要，它们的强烈程度受到个人体质的影响，也受到其他许多条件的影响，包括气候、外在刺激、工作紧张程度、生理状况等，而且还会随着这些条件的变化而变化。

性欲和对爱的需要二者之间的关系，对我们理解限制性欲的问题也有所帮助。这种禁欲行为是否能持续，跟个人与文化有直接关系。个人来说，心理因素和生理因素影响很大，对于一个用性行为来减轻焦虑的人来说，无论长期还是短期禁欲都是不可能的。

这些思考都能帮助我们对文化中的性进行反思，我们对性问题上的自由随意带着一种自豪与满意的态度。的确，从维多利亚时代至今，我们在性自由上获得了极大的进步，我们比以前更能获得性的满足。这一点尤其适用女性，性冷淡不再被认为是女性的特有状态，而是被承认为普遍存在的缺憾。但是尽管有这样的变化，该方面的进步依然达不到我们想象的速度，今天的性行为依然更多地被作为内心焦虑的发泄，并不是来自于真正的性驱动，性更多被认为是一种镇静剂，却没有被视之为享受和欢愉。

文化情境也反映到精神分析的概念中，弗洛伊德的伟大成就之一就是为性应有的重要性做出了肯定。但是，在细节上，许多被认为是性欲的表现，实际上是复杂的神经症的表现，尤其是对爱的病态需要。例如，有关医生的性欲，总被认为是对父亲或母亲的性欲固着作用（sexual fixation）的再现，但这并不是性需要，而是为减轻焦虑寻求的安全保障。尽管病人通过各种想象和梦境，表现出那种希望躺到母亲怀里的愿望，这表明其中包含着对父亲或母亲的“移情作用”。我们不要忘了，这种“移情作用”可能只是渴望得到爱或庇护的一种表现方式。

即便是把病人对医生的性渴望理解成对父母的欲望的再现，也没有证据证实幼儿对父母的依赖是性依赖。有很多证据表示，许多成年神经症病人身上那些被弗洛伊德形容为俄狄浦斯情结的爱与嫉妒的特性，可能在童年时代就存在了，不过这种情形并不如弗洛伊德设想的那样普遍。正如我说过的，我相信俄狄浦斯情结不是刚开始就有的，而是各方面因素影响的结果。

或许这只是一种极其简单的儿童反应，可能是因为父母那充满性刺激的爱抚产生，也可能因为目击性场面产生，又或者是因为父母那些盲目的爱而产生。另一方面，这个过程可能相当复杂，如前所述，但凡为俄狄浦斯情结出现提供了生长环境的家庭，孩子往往都是处于恐惧和敌意的状态，而这样的状态总是会导致焦虑的出现。

我认为，这些病例中俄狄浦斯情结的产生，可能是因为孩子为了追求安全感而过分抓住父母不放。这类获得“野蛮生长”的俄狄浦斯情结，能显示出对爱的病态需要的诸多倾向，正如弗洛伊德描述过的那些特征：占有欲、嫉妒心、过分占有爱、因为被冷落产生仇恨，等等。所以，在这些病例中，俄狄浦斯情结本身并不是神经症的根源，可能只是一种神经症的表现形式。

第十章

对权力、名望和财富的追求

我们时代的神经症人格

The neurotic personality of our time

在我们的大众文化中，通常把对爱的追求当作一种对抗焦虑、获得安全感的一种方式，而另一种表现方式，则是通过对权力、名望以及财富的追求来体现。

为什么把权力、名望和财富作为同一问题的不同方式来进行讨论呢？我有必要解释一下。毋庸置疑，在具体的细节上，一个人倾向于追求其中哪种目标，在个体上存在巨大差异。神经症病人为了追求安全感会选择哪种目标，可能取决于外部环境，也可能取决于个体在心理以及天性上的差别。我把以上三者放在一起，是因为它们都有一个共同点，正好和对爱的需要区别开。对爱的需求是通过与他人建立更紧密的接触获得安全感，而追求名望、财富则是通过加强个人地位来获得安全感。

统治支配别人、赢得名望、获得财富等愿望，其本质并不是病态性质，正如希望获得爱的愿望本身也不是病态一样。要理解病人在上述方向上的病态倾向，就应该拿它跟正常的追求相比较。例如，在普通人身上，权力感可能体现在意识到自身力量上的优越，这种力量可能是身体能量或者是精神上的智慧与成熟。同时，对权力的追求也跟特定的原因有关，例如追求家庭、政治团体、祖国、某种宗教思想，等等。然而，对权力的病态追求是来源于焦虑、仇恨和自卑。简单来说，正常地追求权力来源于力量，病态地追求权力来源于虚弱。

而且，文化的因素也必须要考虑到。个人权力、名望和财富并不是在所有文化中都被看重，例如在普韦布洛印第安人部落，其文化是完全不追求名望的，个人财富的差距非常小，所以追求个人财富也没有什么必要。该文化中，追求任何形式的统治与支配来获取安全感，都是毫无意义的。我们文化中的神经症病人之所以追求权力、名望和财富，是因为这些东西能在我们的社会结构中提供很大的安全感。

在考察对这些目标的追求所产生的条件时，我们发现往往在确切证明了不可能通过爱来获得安全感以对抗焦虑时，才会产生对权力、名望、财富的追求欲望。下面我会举一个例子，来说明当对爱的需求惨遭失败后，追求权力、名望和财富的野心是如何产生的。

有一个女孩强烈依附于哥哥，哥哥比她大 4 岁，他们曾经或多或少存在具有性色彩的亲情。当女孩 8 岁的时候，哥哥突然变得很冷淡，指出两个人很大了，不能再玩那种游戏了。这以后，女孩在学校里一下子变得野心勃勃，这就是由于她对爱的追求失败导致的。她没什么可以依靠的人，所以显得很痛苦。父亲对儿女态度冷漠，母亲更偏爱哥哥，女孩所能感觉到的不仅是失望，更多的是自尊心备受打击。她不知道哥哥转变态度仅仅是因为临近青春期，所以她对被冷落感到十分羞耻。她的自信心总是建立在不稳定的基础上，因此羞耻感和屈辱感更加强烈。首先，母亲不需要她，也不喜欢她，她感到自己无足轻重；而母亲，因为长相漂亮，每个人都会对她赞赏有加。其次，母亲对哥哥关爱有加，也非常信任，再加上父母的婚姻原本就不幸福，所以妈妈有什么烦恼都会跟哥哥商量。所以，女孩便觉得自己像是一个外人。她为了获得更多的爱，在和哥哥关系受挫后她爱上了一个旅途中所见的男孩，为此十分得意，开始编织与男孩的爱情幻想。可是当男孩离开她以后，因为抑郁沮丧她又会产生新的失望。

就像这种情形中经常发生的一样，女孩的父母和医生把她糟糕的精神状况归结为上学的班级不合适，他们让女孩暂时休学，送她去一处风景优美的庄园放松，然后再把她送进比原来低一年级的班级。就是这个时候，女孩刚刚 9 岁，她就开始显示出极强的对野心的追求，表现出一定要在班级里拿第一名的状态，而且跟原来十分要好的朋友关系也明显恶化了。

这个病例充分说明了导致病态野心的各种典型因素：最开始，女孩因为不被人需要由此安全感缺失，产生反抗心理，而后又因为家庭中地位最高的母亲要求其绝对服从而受到压抑，这种受压抑的仇恨催生了大量的焦虑，女孩的自尊心始终得不到认可，又因为与哥哥的关系破裂而受到强烈刺激，于是女孩开始寻求爱，以此作为获取安全感的手段，但这种尝试最后也以失败告终。

病态的追求权力、名望和财富不仅能作为对抗焦虑的手段，也可以作为被压抑的敌意发泄的途径。我要先探讨这些病态追求是如何形成对抗焦虑的保护措施，然后再讨论敌意通过它获得释放的方式。

首先，追求权力可以作为一种保护性措施，去对抗孤立无助的无安全感状态，而我们知道这种状态是焦虑的基本因素之一。神经症病人对自己的软弱或失去希望的感觉非常敏感，且无法忍受，他们会主动逃避那些司空见惯的事情，例如接受别人的意见、劝告或者帮助，包括对人产生依赖情绪和顺应环境，等等。对软弱无能的反抗不会像火山般爆发，而是一点点地增加强度。神经症病人越是感觉到自己受到上述情绪的抑制，他就越是否定自己，而他越感到自己事实上的软弱，他也就越发地想要逃避那些看起来和软弱有相似的东西。

其次，病态地追求权力可以形成一种保护，用来对抗那种自觉无足轻重或被人看得无足轻重的危险。神经症病人时常有一种顽固的权力幻想，他总认为自己应该随时掌控一切，无论处于什么困境，都能够立即应付。渐渐地，这种幻想逐渐和骄傲感联系起来，结果是，他不仅会把软弱无能视为危险，更视为耻辱。同时他开始把人以“强”“弱”来进行区分，崇拜强者，歧视弱者，他对在他眼里软弱无能的一切都毫不留情。在他心里，他会或多或少地瞧不起那些同意他看法、顺从他要求的人；也瞧不起那些内心顾虑多，对自己的情感又不能完全克制，只好装作冷酷无情的人。同样，他也瞧不起他自身所具有的这些品质。如果他最终意识到自身也存在着某种焦虑或抑制，就会感到羞耻，瞧不起有神经症的自己，并且还会急于把这个事实掩盖起来。而最终不能独立面对这样的局面，只会让他更加瞧不起自己。

神经症病人是否采用这些特殊方式去追求权力，取决于权力在神经症病人心里是不是最畏惧失去。下面我会提一些这种追求的常见表现供参考。

我们先来讲第一个：通常神经症病人既希望控制自己，又希望控制他人。但凡不是他们组织或者赞同的事情，他都不希望发生。其实这种对控制的追求可以用一种淡化的形式，即会给予别人做事充分的自由，但是他坚持要知道别人所做的一切，稍有隐瞒就会勃然大怒。这种控制他人的欲望，也可以受到强烈的抑制，所以，不只是他自己，就连他身边的人也都相信他是一个允许别人享受自由的人。但如果他真的彻底压抑了自己的控制欲望，就很可能变得郁闷不已，甚至当他和他人有约会而他人迟到时，他就会感到剧烈的头痛或者身体极为不舒服。因为不知道这种生理功能失调的原因，所以他通常以为是天气不好、饮食不好引起的。事实上病人许多天真的好奇心理，都是其内在一种希望控制一切的隐秘想法导致的。

这种类型的人不会允许自己犯错，一旦被证明哪怕在很小的地方出了错，他们也会变得十分恼怒。他们必须掌控一切，必须知道的比别人多，这种态度有时候会明显得令人尴尬。那些在很多方面都谨慎严肃的人，如果一旦面临一个问题而不知道答案，就很可能不懂装懂，甚至随意捏造一个答案——尽管在这个特殊的问题上无知并不会损害他们的名望。他们总会强调对事情的预想，说出对事情发展的判断，这种态度很可能是他们不愿意有不能控制的局面出现，因为他们不想承担任何的风险。

对自我控制的强调有一个重要表现，那就是反感任何感情摆布自己。例如女性神经症病人沉迷于某个男人的吸引力，可一旦发现男人爱上她，她就会转变态度变得冷淡，甚至看不起这个男人。这种类型的病人也很少在脑海里形成自由的联想，因为这同样意味着失去控制和即将进入未知区域。

另一种神经症病人对权力追求的态度为：希望一切都符合自己的愿望。如果别人所做的事情并不如自己所期望，或者刚好不是按他所希望的方式，在他希望的时间内去做，他就会为此发脾气。那些不耐烦的态度也跟这种追求权力的态度有关，任何形式的转移、被迫做出的等待，哪怕是等红绿灯时间过长，也会让他火冒三丈。神经症病人往往不知道自己存在着这样一种支配一切的态度，至少是不知道这种态度对自己影响有多大。不承认、不改变这种态度确实符合他们的利益点，因为这种态度具有很强的保护作用。他们也不会让别人发现这种态度，因为一旦被人发现，就可能失去别人的爱。

这种不自觉的态度在恋爱关系中起到十分重要而微妙的作用，这在女性神经症病人体现得非常明显。例如，丈夫或男朋友不能达到自己的期望：约会迟到、忘记打电话、因事突然外出，等等，她就会感觉对方不爱自己。她把上述事情看成是不被人需要的表现，而并不能意识到这是基于对方没按照她的设想行事而产生的愤怒心理。这种谬误在我们的文化中确实很常见，并在很大程度上构成了一种不被需要的感觉，而这种感觉在神经症中又恰恰是一个十分关键的因素。产生这种反应的原因多数在于父母。例如一个母亲支配欲很强，如果她的孩子公然挑战自己，那么她就会以为并对外宣称这个孩子并不爱她。

这样的心理往往会导致一种矛盾产生，而这种矛盾可以让一切恋爱关系走向破碎。例如一个有神经症的女孩瞧不起任何软弱无能的人，因此绝对不会爱上“软弱”的男人；但是她又希望对方能够顺从自己，因此也不会和“坚强”的男人恋爱。这就导致了女孩内心渴望一个英雄般光芒万丈的男人，同时这个男人也要内心软弱，这样他就会毫不犹豫地屈服于女孩的愿望。

最后一种追求权力的态度是：绝不让步的态度。同意别人的意见或者接受别人的好意，哪怕这些意见和好意是正确的，也会被神经症病人看作是软弱；而且只要一想到要这样做，他们就会马上产生逆反心理。持有这种固执己见态度的人正是因为担心自已屈服于别人，所以才用激烈地反抗表达完全相反的立场。

这种态度最常见的表现是，神经症病人总会在心中坚信这个世界会为他改变，而不是他为世界而改变。精神分析治疗过程中一个困难点就来自于此，我们对病人的分析治疗并不是为了让其反省，而是希望通过反省来改变病人的生活状态。尽管神经症病人知道这种改变对自己有益，却非常厌恶这种改变，因为这意味着他要做出最后的让步。在爱情关系中同样包含着这种不能这样做的态度。不论爱情究竟意味着什么，但它始终存在着对爱人、对自己感情的屈服和容忍。不管是男性还是女性，如果不能做出让步，爱情就会难以令对方满意。在性冷淡的成因中也包含这样的因素，想要获得性高潮就要有完全放弃自我的态度，如果不能放弃，就只能保持性冷淡。

了解过对权力的病态追求给爱情关系造成的重大影响，才能更加清晰地理解对爱的病态需求的诸多内涵。不考虑追求权力在追求爱的过程中所起到的作用，就不能完全地理解对爱的追求中包含的各种态度。正如我们所说的，对权力的追求，实质上是一种对抗软弱无能、无关轻重感的保护手段，对名望的追求也存在同样目的。

这种类型的神经症病人，有一种迫切吸引别人注意，期望受到别人尊敬和崇拜的愿望。他会有借由美貌、才智以及某些成就来打动他人的幻想；他会毫无节制、挥金如土；他会不惜一切地去学习谈论最新流行的书和新上演的话剧，并竭尽所能认识一切显赫人物。他身边的人必须崇拜他，包括妻子、朋友、同事，否则就不会跟他相处。他的自尊心就是建立在别人的崇拜之上，得不到崇拜就如遭打击，一蹶不振。由于他超强的敏感，总是感到屈辱，他的人生便逐渐变成了一种无止境的苦役。但对于这种屈辱他自己往往意识不到，因为意识到这一点只会让他更加痛苦；可不论他能不能意识到，他都会用一种和痛苦成比例的郁愤对此做出反应。也正因如此，他的态度才会总是不断地产生新的敌意与焦虑。

为了更形象的描述，我们可以把这类人称为“自恋者”。当然这样的术语会让我们误入歧途，因为这类人如此疯狂地自我扩张，并不是出于自恋，而是为了保护自己来对抗屈辱感和无足轻重感。换句话说，是为了重建被碾碎的自尊心。他和别人的距离越远，对名望的追求就越可能往内在发展。这时，他对名望的追求就被自己定义为一种清高和优越，而任何的缺点，无论是被准确地认知到还是模糊地察觉到，都会让他感到耻辱。

在我们的文化中，保护自己来对抗软弱无能、无关紧要以及羞辱的感觉，也可以通过追求财富的方式获取，因为财富能够让人同时获得权力和名望。在我们的文化中充斥着对财富的非理性追求，以致只有和其他文化对比后，我们才可能面对：无论在何种意义上，这样对财富的追求都不是人类的普遍天性。即便是在我们的文化中，只要影响这种追求的焦虑得到缓解，对财富的疯狂追求就会逐渐消失。

这种狂热追求财富的态度，是为了对抗对贫穷和居无定所的恐惧。对贫穷的恐惧如同鞭子一样驱赶着人不断地工作，不放过任何赚钱的机会。之所以说这种追求具有防御性质，体现在病人不会拿赚到的钱去奢侈地享受。而且对财富的追求并不一定指纸币或者硬币，同样也可以表现为企图占有别人的状态，或者借此防止失去爱所采用的一种手段。占有现象非常普遍，尤其在婚姻中，法律也为占有的要求提供了合法的依据。这种占有的性质与我们所讨论的追求权力的情形一样，因此就不专门举例了。

上面描述的三种追求，如我所说不仅被用来对抗焦虑，也可以用来宣泄敌意。这种敌意是倾向于支配别人，还是倾向于羞辱别人，抑或是剥夺别人，完全取决于哪种倾向的追求占了上风。

病态的追求权力展现出支配别人的倾向，但并不一定公开地表现为针对他人的敌意。它有时候会伪装成一种有社会价值或者人本主义性质的模样，例如给人建议、忠告，帮助人的态度，以及期望成为开拓者或者领导人的态度。但如果这些态度中的确隐藏着敌意，那么他身边的子女、伴侣、下属等就会察觉出来，然后做出顺从或者反抗的反应。神经症病人自己并不能意识到这其中的敌意，就算当他因为不顺心而乱发脾气时，他也会坚信自己本质是一个性情温和的人，他会认为是对方愚蠢地反对他，他才会如此生气。可是实际情况却并不一样，神经症病人稍有不顺就会公开发泄出来，即便对方不是反对他，只是没有按照他的意见做事而已。其实这种支配别人的态度是一种“安全阀门”，通过安全阀门，少量的敌意以非破坏性的方式发泄出来。这种态度帮助淡化了敌意，因此从某种程度上缓解了许多具有破坏性的冲动。

因别人反对产生的愤怒而出现的压抑的敌意，可能会产生新的焦虑，表现出疲劳萎靡、抑郁消沉。引发这样反应的事件实在太不起眼，所以并不会被人们注意，神经症病人甚至意识不到自己的那些反应，他们的焦虑状态看上去不存在外来刺激。只有通过细致观察，才能发现过激事件和产生的反应二者之间的关系。

强迫性的支配欲望带来更深层次的特性，即他们不会平等地与人相处，要么领导别人，要么六神无主、茫然失措。这样过分的独裁，导致他在面对任何不能由自己支配的事情时，都会产生如奴隶一般的感觉。一旦他的愤怒被压抑，这种压抑就会产生持续的抑郁感和沮丧感。但是这种软弱无能状态可能只是一种迂回战略，用来确保自己的支配地位，或者只是表现出不能支配别人而产生的敌意。例如，有一位女性，她跟丈夫在国外的城市散步。尽管她细致地研究过地图，一直由自己做向导，可是当走到事先没有研究过的街道时，她就会感到十分不安，然后把责任推给丈夫，让丈夫做向导。哪怕她此前一直有说有笑，但这一刻她却突然感到疲惫不堪，甚至不愿意再挪动一步。我们多数人都熟悉婚姻伴侣、兄弟姐妹、朋友玩伴之间的关系，在这种关系中，神经症病人会表现得如同一个奴隶主，用“软弱无能”的鞭子抽打对方，驱使对方为他的愿望服务，向对方无休止地索取关怀和帮助。这种情况的典型表现在于，无论别人多么努力，也都无法让神经症病人获得“好处”，他们只会不断地抱怨和提要求，更甚的是还要报之以责难，说别人忽视他、亏待他。

在心理分析过程中能观察到同样的现象。这类病人拼命地寻求帮助，却不遵循医生的任何建议，甚至还会因为没有得到帮助而愤怒、发脾气。如果他们确实得到了一些帮助，并因此对自己的性格特质有了更多了解，他们就会立即陷入之前的苦恼之中；不过，他们会表现得像什么都没有发生似的，然后想方设法消解医生通过重重分析所带来的自我洞察和反省。最后，他们会再次迫使医生做出新的努力，而这些努力注定是要再次失败的。

在此情况下，神经症病人会获得双重满足。一方面通过表现自己软弱无能，强迫医生如奴隶一样为他服务，并获得胜利般的满足；另一方面又能使医生产生无能为力之感——病人因为自身的原因导致他不能以积极的方式支配别人，就只好用消极的方式支配别人。不过，这种获取满足的支配完全是无意识的，他们使用手段获取支配地位也是无意识的。病人只能够意识到自己渴望帮助却又得不到帮助，所以在他们看来，自己所做的一切都是合情合理的，包括有权利对医生发脾气。

当然，即便这样，他们在内心深处也会意识到自己在使用诡计，并因此害怕被人发现和遭遇报复。所以，出于自保，他们往往会采用进攻的心理状态。也就是说，不是病人故意找麻烦，而是医生欺骗、轻视了他。不过，除非他真的觉得自己是医生的牺牲品，不然他就无法信心十足地保持这样的假设。所以，陷入这种心理的病人，会坚决维护受到虐待的信念，坚持认为受到了医生的伤害，甚至给人感觉他们好像期望受到虐待一样。但事实上，他们并不希望受到虐待，只是他这种正在遭受虐待的信念具有极为重要的作用，所以他不能轻易放弃这一信念。

在支配他人的态度中，通常包含太多敌意，这也导致了新的焦虑出现；另一方面这也可能产生新的抑制作用，包括不能下定决心、不能确切表达意见，等等。这让神经症病人显得过分的顺从，而这种抑制作用又被他们误认为是一种天生的软弱。

对于那些把追求名望看得十分重要的人来说，他们会采取想羞辱对方的方式来展现敌意。尤其是对那些因自尊心受辱而变得报复成性的人而言，这种报复欲望更加显得至高无上。这类人往往在童年时代就遭遇过许多屈辱，例如少数民族，或者本人家境贫穷却有富有的亲戚。也可能因为曾被其他孩子歧视、冷落，被父母当作玩物，随意宠爱、呵斥、羞辱，等等。这些经验因其具有痛苦性而被遗忘，但是日后一旦再度受到羞辱，痛苦的经验就会重新出现在意识中。但是，在成年神经症病人身上，我们能够观察到仅仅是这些痛苦的童年经验的间接结果，而不是直接结果。这些间接结果之所以愈演愈烈，是因为经历了一系列的恶性循环：受到屈辱→想侮辱别人→因为害怕报复对屈辱更加敏感→更希望侮辱别人……

差辱别人的倾向会受到强烈压抑，是因为神经症病人敏感地感觉到，自己被羞辱时多么的痛苦以及如何地渴望报复，所以病人会本能地害怕别人也做出同样的反应。即便如此，神经症病人也可能会在无意识间表现出羞辱别人的倾向。其表现为：无意间轻慢别人，让人长时间等待，让人陷入尴尬的处境，等等。就算他们完全意识不到自己有羞辱别人的倾向，意识不到自己实际上已经在这样做了，在与别人相处时，他们内心仍然充满着一种无形的焦虑，其表现就是不断地担心遭到别人的羞辱和刁难。在后面我们讨论失败恐惧的时候，我会回过头继续讨论这种恐惧的表现。由这种对羞辱的极度敏感而产生的抑制反应，通常会表现为极力避免做出伤害、羞辱别人的事情。例如，这类神经症病人可能不敢批评人，不敢提要求，不敢解雇手下的员工，往往显得过于“老好人”。

最后，在崇拜别人的倾向背后也可能隐藏羞辱别人的倾向。羞辱别人和崇拜别人是完全相反的两件事情，因此前者为后者提供了最佳隐藏之所，用来隐藏种种羞辱别人的倾向。我们会发现在同一人身上，可能会同时出现这两种极端倾向，不过两种倾向的分配方式要因人而异。它们可以分别出现在不同的人生阶段。例如，一个人会在某一段时期轻视所有人，下一个阶段却开始进行英雄崇拜；他可能崇拜男人而轻视女人，也可能刚好相反；他可能盲目崇拜几个人，与此同时却同样盲目地轻视其他一切人。

恰恰是在精神分析过程中，我们发现，这两种态度事实上是同时存在的。在同一时间内，病人可以盲目地崇拜医生又盲目地蔑视医生，有时他会压抑这两种情感中的一种，有时也会在两种态度之间摇摆。

追求财富的过程中，敌意会表现出剥夺别人的倾向。欺骗、偷窃、猎取、战胜别人的愿望本身不是病态的，它们可能是基于文化所导致的，或许也是实际处境所认可的。但是在神经症病人身上，这些倾向体现出极高的情绪色彩。即使在别人身上得到的好处微乎其微，但只要能够成功，他也会兴高采烈，充满胜利的自豪。例如，为了淘到一件便宜货，他可以付出大量的时间和精力，远超出他所得到的实际好处。从这样的成功中他可以获得两处满足，一是体现出自己聪明伶俐、智慧过人；二是自己战胜了别人，损害了对方的利益。

这种剥夺他人的倾向，其表现的形式也多样化。如果医生不能无偿治疗病人，或者要求的报酬过高，神经症病人就会产生怨恨。如果病人手下的员工不愿意无偿加班，他也可能会怒不可遏。这种掠夺倾向体现在朋友和子女的关系中，通常会通过宣称对方对自己负有责任，因而获得“合法化”。父母根据这样的宣称而要求子女做出牺牲，有时可能断送掉子女的人生。即便这种剥夺倾向不那么具有破坏性质，有些认为子女存在的意义就是为了给自己满足的父母，也会在情感上对子女进行剥夺和掠取。这种类型的神经症病人也可能拒绝给予别人某些东西，例如他应该付给对方的钱，他能提供给对方的信息，他令人期待得到的性满足，等等。这种剥夺倾向存在的标志，可能是病人反复做关于偷盗的梦，或者病人可能有想要偷盗的自觉冲动，只是他把这种冲动压制下来了；他也可能在特定的某些时候成为真正的偷盗狂。

这一类型的病人通常意识不到自己在有意剥夺别人。和他这种剥夺意愿息息相关的焦虑，一旦有人需要他做点什么或拿出某些东西时，就会自发地产生抑制倾向。如此，他就会忘记应该给别人买生日礼物，或者在与某位女性的欢愉时刻而突然阳痿。不过这种焦虑未必总是导致实际抑制，它也可能逐渐使病人意识到那种担心自己正在剥夺别人的潜在恐惧；因为事实也确实如此，尽管他们在自我意识中总是愤怒地否认自己的这种意图。这种类型的神经症病人可能在某些并不具有剥夺倾向的行为中，也怀着类似的担心和恐惧；但同时，他却始终不能意识到那些真正包含着对别人进行剥夺的行为。

这种剥夺别人的倾向会伴随着对别人的羡慕和嫉妒。如果有人得到了某些我们也希望得到的好处，大多数普通人的想法都会有那么一些羡慕嫉妒。只是在普通人的嫉妒中，是希望自己也能得到同样的好处，而在神经症病人的想法里，他的嫉妒却是不愿意别人得到这种好处。例如该类型神经症的母亲会嫉妒子女的快乐，会警告子女：“今天笑得欢，明天哭得惨。”

神经症病人竭尽全力地掩饰这种嫉妒的真相，并把它伪装成一种合乎常理的羡慕。发生在别人身上的任何好事，无论是拥有一个洋娃娃还是得到一份闲适的工作，在他看来都是那么光彩可爱，所以自己的羡慕是合情合理的。为了使这种羡慕合理化，他只有借助对事实进行无意识的歪曲，例如低估自己真正拥有的一切，使自己产生别人拥有的好处也是自己希望得到好处的错觉。这样的自我欺骗会发展到：相信自己正处在悲惨可怜的境地，因为他无法得到别人得到的东西。这时病人完全忘记了，实际上不管在任何方面，他都不愿意和别人作任何交换。这种歪曲认识让他付出的代价就是：他不可能享受和欣赏任何幸福。但正因为如此，才有利于他对自己的保护，避免自己成为别人羡慕的对象。就像有些人为了不让自己被人嫉妒，因而歪曲掩盖自己的真实处境一样，他做的是那么彻底，完全剥夺了自己的任何享受。如此，到了最后，他亲手挫败了自己想要的一切，这种充满破坏性的焦虑与冲动，让他变得两手空空。

很明显，这种剥夺别人的倾向，与之前我们讨论过的所有敌对倾向一样，不仅源自不正常的人际关系，同时也会加深这种关系的不正常。尤其是当这种倾向处于无意识状态时（实际上也总是如此），它必然会让病人产生一种不自然或者羞怯的状态。在那些他并不抱任何希望的人面前，他在行为举止和言谈上都会显得从容自若，没有任何拘束；但只要有一点儿从对方那儿得到好处的可能，他就会立刻变得不自然。这些好处可能是具有实际意义的，例如有价值的信息和积极的建议；也可能是虚无缥缈的，例如未来可能得到的好处。这一点适用于性关系以及其他的人际关系。这种类型的病人通常在自己毫不介意的异性面前，会表现得泰然自若；但是在面对渴望对方喜欢自己的异性面前，他就会变得不自然和手足无措了。因为在他看来，获得对方的爱和从对方身上得到好处是同一回事。

这种类型的病人在赚钱谋生方面的能力可能很强，能够把自己的冲动引向对自己有益的一面。但是他们也可能在赚钱问题上表现出抑制倾向，例如不好意思跟别人要报酬，或者做了许多工作得不到相应的薪水，这让他们显得比实际性格更加慷慨大方。他们会对自己没有得到相应的报酬而心怀不满，但是并不知道这种不满的成因。

如果神经症病人的抑制作用十分严重，乃至渗透到人格当中，那么其结果就会让他在整体上无法独立，必须依靠别人的供养生活。如此，他就会过一种类似于寄生虫似的生活，并通过这种方式来满足他们剥夺别人的倾向。不过，这种寄生虫式的态度不一定通过“所有人都要为我服务”的明显形式来体现，而是可能表现得比较微妙，例如希望别人给他施以援手，希望别人率先主动，希望别人帮他出谋划策。简而言之，就是希望别人对他的生活负责。久而久之，他便从整体上对生活形成了一种奇怪的态度，即他好像并未意识到：这就是他自己的生活，他必须在这种生活面前有所建树，抑或空耗一生。他的这种生活态度，就仿佛周遭发生的一切都和他毫无干系，好事与坏事全都来自外界，自己有权享受别人创造的美好一切，坏事则全都是别人的过错。在这样的一种生活态度中，坏事通常比好事更容易发生，所以我们说寄生虫式的态度也常见于对爱的病态需要中，尤其当对爱的需要表现为渴望物质恩惠时，更是会出现类似情况。

神经症病人这种剥夺别人的倾向也常会产生另外一种结果，即对自己可能被别人欺骗或剥夺而产生焦虑。他开始处于持续的恐惧中，担心别人会占他便宜，夺走他的金钱，剽窃他的思想——他会对遇见的每一个人产生这样的恐惧，生怕对方是在打他的主意。一旦他真的受到欺骗，例如出租车司机故意绕远、餐厅服务员多报账单，他就会最大限度地发泄自己的愤怒，远远超过一个合理的愤怒范围。

很明显，他是把自己身上的欺骗倾向所包含的心理价值投射到别人身上，因为对别人产生正当的愤怒，远远要比面对自己内心的问题要轻松得多。况且，癔病患者总会把责难当作恐吓，通过恐吓令对方产生犯罪感，达到摆布对方的目的。辛克莱 · 刘易斯在作品中描绘了多兹沃尔斯夫人的人物形象，该人物对上述策略有着精彩的运用。

在对权力、名望和财富的病态追求中，其目标与作用的关系大致如下显示：

目　标	为获得安全感以对抗	敌意的表现形式
权　力	懦　弱	倾向于支配他人
名　望	耻　辱	倾向于侮辱他人
财　富	贫　穷	倾向于剥削他人

阿尔弗雷德·阿德勒的成就就在于发现并强调了上述追求所具有的重要性，这类追求在神经症病人的病态表现中所发挥的作用，以及这些追求借以表现出来的伪装。但是阿德勒却认为这些追求乃是人性中最重要的倾向，其本身已不需要任何的解释说明。[①]至于这些追求为什么在神经症病人身上表现得那么强烈，他归结为是自卑和生理上的缺陷导致的。

弗洛伊德也注意到了这些追求的诸多内涵，但他不认为应该放在一起来思考。他把对名望的追求看作自恋倾向的表现之一。他原本很可能把对权力和财富的追求以及其中的敌意，看作是“肛门欲施虐狂阶段”的派生物。可是后来，他也承认这些敌意无法还原到性欲的基础上，从而认为它们是“死亡本能”的表现。如此，他就保持了对自己的生物学倾向的信念。总之，不管是阿德勒还是弗洛伊德，都没有认识到产生这些驱力的过程中焦虑所发挥的作用，也没有发现它们的表现形式中所包含的文化内涵。

---

① 尼采对权力渴望有过评价与论述，参看《权力意志》。

第十一章

病态竞争

我们时代的神经症人格

The neurotic personality of our time

获得权力、名望和财富的方式因文化的不同而有所差异。它们或者来自继承权，又或者来自某些文化所称赞的个人素质，如勇气、智慧、治愈的能力、可以和超自然的力量交流的能力，以及其他相类似的特质。而这些特质的形成也有多方面的因素，可能来自一场卓越或成功的活动，或源于某些特定品质，又或者偶然的环境机遇，等等。

在我们的文化中，地位和财产的继承无疑是最重要的一环。但如果权力、名望和财富必须通过个人的努力去获得，那么个人就必然要进入与他人的竞争。这种竞争以经济为中心，几乎辐射到所有的社会活动，并渗透到爱情、社会关系和游戏之中。所以，在我们的文化中，竞争是每个人都必须面对的一个问题，这是毋庸置疑的。如此，我们就不难理解，为什么在神经症病人内心的冲突中它能一直占据着一个核心的地位。

在我们的文化中，病态的竞争在三个方面和正常的竞争不同。

首先，病态竞争和正常竞争的第一点不同：神经症病人总是习惯地拿自己和他人作比较，甚至在不需要做这种比较的情况下也是如此。虽然努力超过他人是一切竞争的本质，但神经症病人显然做得太过，他们特别热衷于拿那些根本不会成为自己潜在竞争对手的人，或那些和自己不存在共同竞争目标的人来做比较。他们很容易把类似谁最聪明，谁最有吸引力，谁最受公众欢迎这样的问题应用到任何一个人身上，且不加思考。他甚至可以将自己对于人生的感受，与一个骑手在赛马中对生活的感受相提并论。对他来说，只有一件事是重要的，那就是有没有超过其他人。

由此，我们可以看出，这种态度势必导致他对一切工作都丧失真正的兴趣。他真正关心的问题，从来都不是他所做的事情的本身，而是这件事能否给他带来预设的成功和名望。当然，他可能已经意识到自己这种爱和他人比较的态度，也可能他这样做是出于一种习惯，对自己的作为并没有清醒的认识。所以，他们很难充分意识到这种态度给他带来的影响和作用。

病态竞争和正常竞争的第二点不同：神经症病人的野心远不止于要比他人取得更大的成就，更重要的是，他要让自己显得独一无二；与此同时，他可能认为自己的目标相比之下总是最高的目标。又或者，他已经意识到自己正被一种无情的野心所驱使，他会有意去压抑，但通常不是完全去压抑，只是一部分而已。在后一种情形下，他或许认为，他所关心的并不是成功，而只是他正在从事的事业；还有另一种可能就是，他并不想站在舞台中央接受观众的喝彩，他觉得只是在幕后打打杂就够了。当然，他也许会承认他以前确实很有野心，但只存在于他一生中的某一个时期。那时候，他虽然是一个小男孩，却幻想将来的某一天，能够成为基督或第二个拿破仑；幻想拯救世界，让人们免于战争。或者，她尽管只是一个小女孩，却希望将来某一天能成为威尔士亲王的新娘。

对于以上这种情况，神经症病人会这样宣说，从那以后，他的野心就完全消逝了，无影无踪。他甚至还会抱怨，说他如今竟这样缺乏野心，以致他特别希望能够再有一点昔日的野心。当然，如果他完完全全压抑了自己的野心，他就很可能坚信，他和野心完全是不搭边的。这种情况下，只有当心理分析医生介入，撬开他某些保护性的岩层以后，他才会回忆起自己曾经有过一些夸张的幻想，或者一些在头脑中一闪而过的念头。就像我们前面提到的，希望在自己的领域中成为最出色的人，或者认为自己很有智慧很有魅力，或者因为身边的某个女人居然会爱上别的男人而深感不可思议，甚至一想到还十分愤恨，等等。

然而，在大多数情形下，野心在自身的反应中所具有的强有力的作用，神经症病人是意识不到的。他并不认为这些幻想和念头对他自身有什么特殊的意义。

大多时候，这种野心会体现在某一特定的目标上，如才华、魅力或某些成就、某种德性。但也有一些时候，这种野心并不集中体现，而是延展到一个人的所有活动中。也就是说他一定要在他所涉足的一切领域中成为最出色的人。他可能同时希望自己既是一个伟大的发明家，又是一个技术卓越的医生，还是一个独一无二的音乐家。假如她是一个女人，她可能既希望成为她特定工作领域中的佼佼者，还希望自己是一个完美主妇，同时又是一个时尚教主。

那么，对青少年来说又是另外一种体现了。他可能发现自己很难选择一份职业或投身于任何一种生涯，因为他觉得选择一种就意味着会放弃另一种，或者至少是要舍弃一部分自己最喜爱的东西。毕竟对大多数人来说，要同时精通建筑、外科手术和小提琴演奏确实是困难重重。但是，他们不愿放弃。他们可能会抱着许多很不切实际的空想和希望去投入工作，希望自己绘画像伦勃朗一样好，写剧本像莎士比亚一样好。如果他们刚开始是在实验室工作，他们就希望能精确地计算出血球数目。过分庞大的野心导致他们抱有太多不切实际的空想，等到根本无法实现自己的目标时，他们很容易就心灰意冷，然后在最短的时间内放弃原来的努力而另起炉灶。事实上，他们确实有在各个领域中获取某种成就的巨大潜能，但由于兴趣太多野心太大，使得他们无法在任何一个领域中定下心来，去完成某个目标。所以，许多有很高天赋的人就这样分散了自己一生的精力，最后一事无成。

不管能不能意识到自己的野心，神经症病人对野心所遭到的任何挫折都十分敏感。如果不能满足自己的高期望，就算是成功他们依然会觉得失望。就像完成一篇科学论文或一部著作，如果不能达到一鸣惊人的轰动效应，对他而言就是失望；一场困难的考试，其他人同样也通过了，这对他来说就不算什么成功。正是这种总是倾向于失望的态度，造成了他们不能享受成功的原因。至于其他的原因，我们在后面会加以讨论。

自然，神经症病人对任何批评也都很敏感。他们中有许多人在写了第一本书或画了第一幅画以后，就再也写不出书，再也画不出画来了，因为再温和的批评也足以打击到他们，让他们沮丧无望。许多潜在的神经症病人，都是在遭到上司的批评或遭遇挫败时，才显示出最初的症状来。

病态竞争和正常竞争的第三点不同：神经症病人野心中所隐藏的敌意，即他那种“只有我才应该是最漂亮、最出色、最成功的人”的态度。当然，任何一种紧张的竞争中，敌意是必然存在的，因为一个竞争者的胜利也就意味着另一个竞争者的失败。

事实上，在个人主义的文化中，存在着很多具有破坏性的竞争，这就导致了作为一种孤立的特征，我们甚至不敢说它是具有病态性质的。因为这几乎成了一种文化模式。但是，在神经症病人身上，竞争的破坏性体现得更加强大，远远超过了竞争所带来的建设性；对他来说，目睹他人失败比自己获得成功还要重要。

更确切地说，具有病态野心的人更看重的是击败别人，这甚至比自己取得成功更重要。虽然他自己很清楚自己的成功才是最重要的事，但因为他对成功有强烈的抑制倾向——这一点我们会在后面讲到——所以唯一向他开放的路径就是成为优胜者，或者至少让他有比他人优越的感觉。这就意味着成功于他，就是挤垮他人，使他人降低到自己的水平，或干脆将其打败。

在我们的文化背景下展开的竞争中，损人利己，击垮竞争者以提高自己的地位，或动用一切手段压制一个潜在的竞争者，这只不过是一种权宜之计。不同的是，神经症病人受一种盲目的、不受控制的和不区分对象的冲动所驱使，会拼命去诋毁他人。甚至，他可能也了解他人不会对自己造成任何实际伤害，他人的失败很可能对自己也不利，但他仍然拼命地打击他人。他的这种心态可以清晰地投射出这样一种信念——“只有一个人能够成功”，而这正是“只有我才应该取得成功”的另一种表达方式。在这一系列破坏性冲动背后，他有可能存在着大量紧张的情绪。比如，他在写剧本，当听到一个朋友也在写剧本时，他会突然陷入一种盲目的愤怒中去。

其实在许多人际关系中，这种打垮和挫败他人努力的冲动很常见。一个很有野心的儿子，他最希望的可能就是不顾一切地挫败父母为他安排好的一切。如果父母强制性地要求他注重名誉，行为得体，以便在社会上获得成功，那么他就一定会想法办让自己的行为臭名昭著，激起公愤。如果父母在他的智力发展上倾注全部心血，他就可能对学习产生强烈的排斥和厌恶，最好能让自己看起来头脑迟钝，智力低下。

很早的时候，我有两个这样的小病人，起初，他们的父母怀疑他们智力有问题，但两人后来的表现却证明了他们有很高的智力和才能。当他们试图用同样的方式来对付我时，也清楚地暴露了他们的真实动机——企图挫败父母的愿望。在这两个孩子中，其中一个在很长时间里都假装听不懂我说的话，这样我就无法准确地对她的智力做出判断。不过最后我发现，这是她惯用的一种把戏，她常常以此来对付她的父母和老师。这两个小孩都有很大的野心，只是在治疗的最初阶段，他们的这种野心完全被破坏性的冲动所淹没了。

同样一种态度，往往也体现在对待学习和接受治疗的过程中。不管是听课还是接受治疗，从中获得好处才是个体本身的利益所在。但对神经症病人而言，或者更准确地说，对他们内心的病态竞争而言，阻碍教师或医生取得成功的想法会变得更加重要。假如他能够达到这一目的，证明别人不可能从他身上获得成功，他宁愿付出这样的代价，哪怕是继续生病或永远迟钝。是的，他要以此来向人们证明：这些人其实也没有什么高明之处。显然，这一过程是在无意识中进行的，而在他的自觉意识中，他也许会认为这个教师或这个医生确实无能，不具备教他学习或给他治病的能力。

所以，这种类型的病人会非常害怕医生成功地治愈他。他会不择手段，想尽一切办法阻挠医生的一切努力，哪怕这样做会连同他自己的目的一起挫败，也在所不惜。他会故意给医生造成错觉，又或者隐瞒一些重要的情况。而且，只要他办得到，他甚至会戏剧性地使病情加重。他决不会告诉医生，说他的病情有所好转；就算他承认这一点，也是很不情愿的，甚至还会抱怨一通。至于病情的好转和从内省中得到的好处，他则归因于某些外来因素，如气候的变化，读了某一本书等。对于医生的医嘱他采取的方式是充耳不闻，这样就可以证明医生所说的完全是错误的；或者，他还会把的医生的建议，说成是他自己的一大发现，而当时他可是粗暴拒绝的。

病人后面这种行为，在日常生活中经常出现。它构成了病人无意识剽窃的心理动力，许多关于优先权的争吵，也都源于此。这类人群，除了自己之外，任何人有新思想新发现他们都无法容忍。任何不经由他提出来的建议，他都会坚决地加以诋毁。比如，如果一部电影或一本书，是和他有竞争关系的人推荐的，他一定是厌恶的，而且还会加以诋毁。

在心理分析的治疗中，经由医生精辟解释后，所有这些反应接近意识水平时，神经症病人就会公开地对医生的精准分析报以愤怒，这种情况很多见。他可能在冲动下想要砸烂某样东西，或对医生恶语相向。在某些问题被澄清以后，他会立刻指出，说除此之外还有很多问题没有解决。甚至就算他有了很可观的好转，且在理智上也承认这个事实，但在感情上他仍然不会表示任何感激。自然，这种不知感激中还有别的心理因素，比如害怕欠别人的情，害怕要因此承担偿还别人恩惠的义务；但其中最重要的因素在于，这种不得不归功于某人的无奈，在神经症病人心中所产生的屈辱感。

伴随着这种挫败他人的冲动，他们通常会产生很大的焦虑；因为他们会下意识地预设他人也和自己一样，在遭遇挫败后会受到严重的伤害，并且产生报复的心理。所以，他会因为对他人造成伤害而焦虑不安，为了避免这种不安，他会想尽办法不让自己意识到这种挫败他人的倾向，并始终相信和坚持这一切都是合乎情理的。

假如神经症病人有强烈的挫败他人的倾向，他就很难形成任何积极的、正面的想法，就很难采取任何积极的、肯定的立场，来作出任何建设性的决定。就算他能提出某种正向的建设性意见，也会因他人提出的细微批评而荡然无存。因为只要一丁点儿微不足道的小事，就足以激发起他诋毁他人的冲动。

这些隐含在对权力、名望和财富的病态追求中的所有破坏性冲动，都可以划入竞争行为的范畴。在我们的文化背景下所发生的常态性竞争氛围中，甚至正常人也会有这样的倾向；但是在神经症病人身上，这些冲动会变得更加重要，虽然这会给他带来不利和痛苦。很大程度上，这种诋毁、剥削、欺骗他人的能力，对他而言已经是一种优越和胜利的象征；相反，如果不能侮辱、剥削、欺骗他人，那无疑就是一种失败。他们这种不能占别人便宜而产生的愤怒，基本都是源于这种失败感。

假如个人主义的竞争精神普及到整个社会，那就定然会给两性之间的关系造成危害，除非严格地划分开男性生活领域和女性生活领域。即使如此，病态的竞争，因其所具有的破坏性，还是会比一般的竞争更具危害，甚至会导致更大的浩劫。

神经症病人挫败、压制、侮辱对方的病态倾向，在恋爱关系中作用重大。性关系成了一种制伏和贬低对方或被对方制伏和贬低的手段，而这一性质很显然与性爱关系的本性完全相悖。这种情形通常发展为弗洛伊德曾讲过的男性恋爱关系中的分裂：一个男人在性方面可能只被那些比他标准更低的女人所吸引，而很难对爱慕和崇拜他的女人产生任何性欲。对这类人而言，性关系的发生必然伴随着侮辱倾向，也因为如此，所以一旦面对爱慕他的或他可能爱慕的女性，他就会马上压抑住自己的性欲。这种倾向往往源自于他的母亲。他的母亲曾让他感受过侮辱，于是，他有了对母亲回以侮辱的心理；但出于恐惧，他又只能把这样的冲动隐藏在一种夸张的忠诚背后。这种情形通常被定义为一种固定作用 (fixation)。所以，在后来的生活中，他会通过区分女人，来为自己找到一种解决方案；如此，他对他所爱的女人的潜在敌意，就表现为用实际行动来打击她们。

这种类型的男人，一旦与一个各方面都跟他不相上下或者比他更优越的女性发生了关系，通常情况下，他不会为这个女人感到骄傲，而是替这个女人感到羞耻。他可能会为自身的这种反应深感费解，因为在他的自觉意识里，对女人一旦和男人发生性关系就会失去其固有价值一说并不认同。可他不知道：他这种通过发生性关系来贬低女性的冲动是这么强烈，这导致在情感上，他已然把和他发生性关系的女性当作了一种可鄙的尤物。所以，他为她感到羞耻，这其实是一种自然的、合乎逻辑的反应。

同样，女性对自己的情人也可能会产生一种非理性的羞耻感，通常表现为：不希望被人看见他们在一起，或对他的美德视而不见。所以，她对他的欣赏和他实际应得的欣赏就有了很大悬殊。精神分析的结论就是，女性也同样具有贬低男性的无意识倾向。通常，她对于女性也有同样的倾向，但由于某些个人因素，这些倾向多发生在和男性的关系中。导致这种情形的个人因素有很多，比如对某个被父母宠爱的兄弟的仇恨，对怯懦的父亲的鄙夷，自卑地认定自己会被男人拒绝或冷落。同时，也可能是出于对其他女性的极大恐惧，而不敢表露出自己对她们的侮辱倾向。

女性和男性都存在这种情况，他们可能充分意识到自己一心要制伏和侮辱异性的心理。一个女性可以出于这样一种坦率的动机，即要置某个男性于股掌之中，而开始与之谈恋爱。也有另外可能，她故意挑逗男性，一旦对方产生了爱情，她就立刻弃之不顾。不过，在通常情况下，她们这种侮辱对方的欲望是无意识的。在这种情形下，这种无意识就可能以种种间接的方式加以体现了。

比如，它可能表现为总去嘲笑男人的追求；也可能表现为性冷淡，以此向男人表明自己不能得到满足，以达到成功侮辱对方的目的——尤其在对方对女性的侮辱本就怀有病态恐惧的情形下，这显得尤为突出。与此相反的现象也通常会体现在同一个人身上，即因为性关系而感到自己被利用，被侮辱和贬低。

在维多利亚时代，一种普遍的文化模式就是女性感到性关系对自身是一种侮辱，只有当这种关系合法化并合乎僵化的礼节时，这种感觉才会被淡化。最近 30 年来，这种文化影响已明显减弱，但相比较男性，仍足以使女性经常感到性关系给自己尊严带来的伤害。这种影响，也同样会引发性冷淡，或导致她们完全避免和男性接触，无论她们的内心是多么渴望和男性接触。为了达到这种渴望，她们多数会通过受虐淫幻想或性变态等途径，来得到一种继发性满足。但如此一来，她就会因为预先设定了他人的侮辱，而对男人产生一种很深的敌意。

一个恐惧自己缺乏男子阳刚之气的男性，通常对自己得到女性的爱持怀疑态度，他会觉得对方是为了获得性的满足才和他交往，就算有足够证据说明这女人对他确属真心也是徒劳。所以，他或许会为这种被人利用的感觉而对女人产生憎恨。此外，一个男人之所以会有一种不可忍受的屈辱感，也有可能来自于女性对他的爱抚缺乏反应，因而他总会担心对方得不到满足。在他自身看来，自己这种极大的关注对女性是一种温柔体贴；但是，在其他方面，他或许就十分粗暴，没有丝毫体贴。这一情况表明：他对女性有没有得到满足的关心，只是他为了免受屈辱而采取的一种保护手段。

如何掩盖这种侮辱和挫败他人的冲动呢，有两种主要方式。一种是通过崇拜赞美来掩盖，另一种是凭借怀疑让这种冲动理智化。当然，我们不能否认，怀疑也许是真实地表达了他理智上所存在的不同意见。只有确实排除这种真正的怀疑时，我们才有充分的理由从怀疑的背后寻找隐藏着的动机。很多时候，这些动机隐藏得并不深，以致只要简单质问这种怀疑的依据在哪，就能诱发焦虑。我有一位病人，每次就诊都会对我进行粗暴的侮辱，虽然他自己毫无意识。而后，当我直接询问他是否真正相信他对我能力的怀疑时，他就会立刻陷入严重的焦虑状态，并坐立不安。

这种侮辱和挫败他人的冲动一旦被一种崇拜感掩盖起来，它的整个过程就会变得越发复杂。那些在内心深处隐秘地期望伤害和侮辱女性的男性，在他的自觉意识中也许是把女性捧上天；而女性在无意识中渴望打败和侮辱男性的表现，则很可能源于一种英雄崇拜。

和正常人的英雄崇拜不一样的是，神经症病人的英雄崇拜，其根本特征在于，它事实上是两种倾向的妥协：一种是不考虑其价值所在，仅仅是对于成功盲目崇拜——因为这也是他自己的愿望；另一种则是用崇拜做伪装，来掩盖自己对成功者的破坏性渴望。

有些典型的婚姻冲突，就能够根据这一点来理解。在我们的文化中，这类婚姻冲突多涉及女性，因为男性普遍有更多获得成功的外界刺激，所以获得外部成功的可能性也会更多。我们假定有这样一个有英雄崇拜倾向的女人，她选择嫁给一个男人，无外乎两点让她动心：一是他已经取得成功，二是他未来可能会成功。如此，作为妻子而言，在某种程度上她也算是参与并分享了丈夫的成功。所以，只要这种成功可以继续下去，她就能获得某种满足。但另一方面，她则处在一种冲突的情境中：她因为丈夫的成功而爱他，可同时，她又因为丈夫的成功而对他有所憎恨。那么冲突就来了，她想破坏他的成功，但又不能这样做，原因前面我们讲了，她希望通过参与丈夫的成功而获得满足感。

通常，这类妻子要显露出她希望破坏丈夫成功的隐秘愿望时，会通过几种手段，用无节制的挥霍来威胁丈夫的财产安全，用无止尽的争吵来扰乱丈夫精神上的平衡，又或者是用狡诈的毁谤来击垮丈夫的自信心。还有另一种手段，那就是无情地驱使丈夫拼命向前，以获得更大的成就，而丈夫本人的利益她却丝毫不考虑。这种仇恨心理，一旦遭遇挫败，便会表现得更为明显。尽管当丈夫获得成功时，她在方方面面都一直扮演着一个挚爱妻子的角色，但反之，她会转而反对丈夫而不是提供帮助和鼓励。这说明，在可以分享丈夫成功果实时隐藏起的复仇心理，一旦面对丈夫的挫败时，就会公开表现出来。所以我们说，所有这些破坏性活动，大多会在爱和崇拜的双重伪装下进行。

还有一个熟悉的例子，也可以引用来说明：爱是如何被用来补偿源于野心的破坏性冲动的。一个一贯独立性强、精明能干、事业有成的女性，在结婚之后，竟不仅放弃工作，而且还渐渐形成了一种依赖心理，以致好像完全放弃了她原有过的野心——这一切的变化，姑且用“变成了真正的女人”来形容。为此她的丈夫感到失望，因为他最初的希望就是找一个出色的伴侣，结果妻子却放弃了自己的出色，而选择依偎在丈夫的羽翼之下。通常，有这种变化的女人会对自己的潜能有一种病态的担心。她隐隐觉得：嫁给一个事业很成功的男人，或者说至少嫁给一个具有成功希望的男人，对实现自己的野心或是仅仅为了得到安全感，都要比个人奋斗来得可靠。如果只是这样，那还不至于产生精神障碍，甚至还能取得令人满意的效果。但是，神经症病人就另当别论了，在内心深处，他们拒绝放弃自己的野心并对对方深怀敌意，然后根据“要么全有、要么全没有”的病态原则，把自己打入虚无之中，最终成为一个无足轻重的人物。

就像我前面说过的，这种反应为什么说更常见于女性，其根本原因可在我们的文化背景中找到，这种文化背景习惯性地把成功视为男人的领域。当然，这种反应并不是女性天生就有的；因为，如果情形刚好相反，也就是说，如果女人恰好比自己的丈夫更智慧，更强大，更成功，那么男人也会有同样的反应。因为我们的文化坚信唯爱情之外，男人在一切方面都比女人优越，这种态度出现在男人身上时极少会有崇拜的伪装，他们通常会比较公开地表现出来，继而对女人的兴趣、事业和工作造成直接的破坏。

这种竞争精神不仅会对男女之间已有的关系有很大影响，而且还会继续影响到伴侣的选择。这方面，在神经症病人身上会体现得更直接，而这在我们这种具有竞争精神的文化中，通常被认为是正常现象。

正常情况下，我们对终身伴侣的选择多数决定于对名望和财富的追求，也就是说，要受爱情领域之外的动机支配。那么体现在神经症病人身上，这种外在因素的决定和支配就显得更加强大，更压倒一切。

是什么原因导致这一现象呢？一方面是源于神经症病人对驾驭他人、对名望和财富的追求，比常人更具强迫性，更缺乏灵活性；另一方面则在于他和他人的关系（包括和异性的关系），已经过分恶化到无法做出充分而适当的选择。

所以，我们说破坏性竞争会加剧同性恋倾向，具体来说是通过两种方式：首先，它提供了一种冲动，让人完全不和异性接触，这样就避免了和同等的对手进行性竞争；其次，由此而引发的焦虑需要获得安全感——就如我们指出过的那样，对安全感和爱的需要，通常是他们紧紧抓住同性伴侣不放的关键原因。

在精神分析过程中，假设病人和医生都属同一性别，则通常可以观察到破坏性竞争、焦虑和同性恋倾向之间存在的联系。这类病人通常会在一段时间内炫耀自己所取得的成就，并对医生表示轻蔑。最初，他这样做还能做到伪装，以致他对自己的所作所为毫无意识；接下来他就会对自己的态度有所察觉，不过他的这种态度和情感仍然是分裂的，他仍然意识不到是一种多么强大的情感在后面推动它。之后，当他慢慢开始感觉到自己的敌意对医生的冲撞，并同时开始有了不自在、焦虑、心悸和烦躁的情绪时，他突然梦到医生拥抱他，同时还产生了想和医生亲密接触的幻想和愿望，从而表明了他需要缓和自己的焦虑。这一连串反应会频繁出现，直到病人能如实正视自己的病态竞争心理为止。

总之，作为对挫败他人冲动的一种补偿，他们采取的爱或崇拜可以通过以下方式，这就是：避免让自己意识到这种破坏性冲动；通过在自己和竞争对手之间制造巨大悬殊的差距，来达到消除竞争的目的；分享成功的体验，或者参与到成功之中；安抚竞争对手以此来躲避对方的报复。

关于病态竞争对两性关系的影响，前面的这些讨论虽然还远远不够，但已足可表明，它是怎样破坏两性之间关系的。在我们的文化中，正是这种竞争破坏了两性之间和谐关系的可能性，同时也是焦虑和使人更加渴望和谐的两性关系的根源。因此，这个问题就显得尤为重要了。

第十二章

逃避竞争

我们时代的神经症人格

The neurotic personality of our time

竞争心理在神经症病人身上所体现的破坏性质，必然会在他们身上产生大量的焦虑，这也是他们对竞争采取逃避行为的原因。现在的问题是：这种焦虑来自哪里？

不难理解，这其中的一个来源就是恐惧，他们恐惧对野心冷酷的追求会遭到他人的同样报复。一个人如果在他人获得成功或者希望获得成功时，就对其进行侮辱和打击，那么他必然会害怕他人以同样手段来对待自己。只不过这种对报复的恐惧，尽管让他们深受威胁之感，却并不是使他们焦虑加剧从而产生逃避竞争的全部原因。

经验表明：恐惧报复，并不意味着一定要逃避竞争。相反，它只可能让人怀着或想象或真实的嫉妒和竞争心理，冷酷地算计他人；或者试图扩大自己的权力，以免被他人打败。一定类型的成功者通常只有一个唯一的目标，那就是获得权力或财富。但假如拿这种人格的结构和神经症病人的人格结构去比较，我们就会发现一个明显的差别。那些冷酷无情一味追求成功的人，他其实并不在乎，也并不想得到他人的爱。他是不需要也不指望别人为他提供任何东西，帮助也好慷慨也好，他都不需要。他深信只凭自己的力量和努力，就能够得到他想要得到的一切。当然，他会利用他人，原因就是这对他实现自己的目标有所帮助。为爱而爱对他来说毫无意义。他的欲望和他所有的防卫措施只服务于他想获得的权力、名望和财富。于他而言，恐惧只会促使他更加努力，进而获得更大的成功，变得更不可战胜。

但是，神经症病人会去追求两个互不相容的目标：一方面，他极具攻击性地追求“唯我独尊”；另一方面，他又特别渴望被一切人所爱。这种在野心与爱之间的对抗，就是神经症病人内心的一个关键性冲突。神经症病人为什么会变得恐惧自己的野心和要求，他为什么不肯承认这些野心和要求，又为什么会阻止甚至完全逃避这些野心和要求，究其原因，那就是他害怕失去爱。换句话说，神经症病人之所以要限制自己的竞争心，原因并不在于他有一个特别严厉的“超我”——这个超我不允许他有过分强大的攻击倾向；而是在于他发现自己陷入了一种两难之境，他有两种不可抗拒的需要——一种是他强烈的野心，另一种则是他对爱的极度渴望。

实际上，这种困境是无法解决的。一个人不可能既想把他人踩在脚下，同时又希望得到他们的爱。即便这样，这种压力对神经症病人而言也太沉重了，所以他确实试图解决这一困境。通常，他会用两种方式来获得一种解决：一是让支配欲和因支配欲无法得到满足而产生的怨恨合理化；二是限制自己的野心。

那么他是如何让自己的攻击合理化的呢？我们不妨来简略地谈一下，因为它们的性质、特征，和我们在讨论神经症病人获取爱的方式，以及他们如何让这些方式合理化时所发现的那些性质和特征完全一致。无论何种方式，合理化都是一种十分重要的策略，它的目的是为了让这些要求变得更加合理，而不阻碍他被人所爱。如果说在一场竞争中他诋毁或者打击了他人，那么他自己反倒会深深地相信他完全是客观的。但如果他想利用他人，那么他自己会相信而且也企图让别人相信，他此刻是急需得到他人的帮助的。

恰是这种对合理化的需求，比任何行为都更有效地将一种狡猾、隐性的不真诚渗透到一个人的人格中，就算这是个还算诚实的人，结果也一样。同样，它也解释了神经症病人最常见的人格倾向，即一种根深蒂固的一贯正确心理。这种心理时而明显，时而隐藏在一种顺从甚至是归罪于己 (self-recriminating) 的态度后面。很大程度上，这样一种一贯正确的态度常被混同于“自恋”倾向。可事实上，它却和任何形式的自恋丝毫无关；它甚至压根就不存在任何自鸣得意和自我欣赏的成分。原因何在呢，在于他并不是真正相信自己一贯正确，而只是单纯地让一切行为看起来显得正当合理罢了。换句话说，这是一种防御态度，它产生于要迫切需要解决某种问题的内在压力，而这种内在压力，归根结底还是由焦虑产生的。

对这种合理化需要的分析，很可能作为其中的一个因素，让弗洛伊德受到启发，进而有了特别严厉的“超我”要求这一思想；而神经症病人在自己的反应中，其破坏性冲动通常会屈服于这一特别严厉的“超我”要求。所以说，这种合理化的需要，以及对我们的解释有很具启发性的一面，除了作为一种应付他人的不可或缺的策略手段外，它在许多神经症病人身上，同样也是一种满足自我需要的方式，让自己显得更正当合理，更无可非议。在讨论犯罪感在神经症中发挥的作用时，我还要回过头来再详细讨论这一问题。

病态竞争中的焦虑所产生的直接后果，皆是对失败的恐惧和对成功的恐惧。对失败的恐惧，一部分来自于侮辱。任何形式的失败都可能成为一场灾难。一个女孩假设在学校里没有学好自己希望学到的知识，她不仅会感到羞愧难当，而且还会感到班上的其他女孩都会鄙夷她甚至一起反对她。这种反应会给她造成越来越大的压力，因为她会不断地把所有事情都看成一种失败；而事实上这些事情并不意味着失败——例如没有拿到全班最高分，在一场考试中的某个细节失误，在举行的一次活动中没有获得很大成功等。总之，她把一切没有达到她预期的事情都看作是失败。而任何形式的冷落，神经症病人通常都会怀着强烈的敌意做出反应——那就是失败，乃至屈辱。

神经症病人的这种恐惧更多源于猜疑，他担心别人在知道了他冷酷无情的野心后，对他失败的鄙夷会加剧。而比失败本身更令他恐惧的，是他已经显示了正与他人竞争的事实，显示了他希望获得成功而做出的努力，而结果他失败了。他觉得单纯的失败还能被原谅，甚至还会唤起他人的同情；然而一旦他表现出对成功有野心，他就会被一大群迫害他的敌人所包围。这些人对他虎视眈眈，稍有一点儿失败的迹象，他们就会立刻猛扑上来，然后吞噬他。

随着恐惧的内容不同，产生的态度也会不同。如果内容偏重于对失败本身的恐惧，他就会加倍努力，不顾一切地来避免失败的发生。而他的能力面对严峻考验时，例如考试或公开亮相之前，他的焦虑就会变得尤为尖锐。但如果恐惧的内容倾向于怕自己的野心被发现，那结果就会相反了。这时他所感受到的焦虑，会导致他对任何事情都不感兴趣，对任何事情都不作为。这两种情形的对比很值得我们思考，因为它显示出这两种最终是同出一辙的恐惧，是如何产生出两组完全不同的特征的。一个符合第一种模式的人，会通宵达旦地刻苦学习以迎接考试；而一个属性为第二种模式的人，则会袖手旁观，什么也不做，甚至会故意高调地沉溺于社交活动或其他嗜好，以此向外界表明，他对功课完全没有兴趣。

对于自己的焦虑，神经症病人通常是意识不到的，他能意识到的仅仅是由此而产生的后果。例如，他也许不能集中精力专心工作；他也许会出现多疑症病人的恐惧，如害怕体力活动会让心脏病发作，担心过度的脑力劳动让他神经崩溃等；他也可能在任何活动之后显得疲累到极点——并以此来证明活动和努力会损害他的健康，必须加以避免。

一般说来，在退出竞争、不作为的过程中，男性很可能会让自己沉溺在各种消遣活动中——从玩单人纸牌到聚会聊天，他会采取一种使自己看上去极度疲累的态度。女性则可能故意衣冠不整，宁可给人以邋遢的印象，也不愿给人以故意装扮的印象，因为她觉得有意打扮得漂亮只会让人觉得她可笑。一个相貌出众的姑娘，却总认为自己很土气、不漂亮，往往不敢在大庭广众下涂脂抹粉，因为她总觉得别人会这样想："多么可笑的丑小鸭啊，居然企图显示自己的魅力！"

综上，我们可以看出，神经症病人到了最后，通常会放弃做任何自己想做的事情，因为他觉得这样更加安全。他的格言是："安分守己、谦虚谨慎，关键一点是不要引人注目。"正像维布伦 (Veblen) 曾经指出过的那样，引人注目——例如引人注目的惬意舒适，引人注目的挥霍铺张——在竞争中通常发挥着十分重要的作用；相应的，逃避竞争必然会抑制这一突出的作用，也就是尽量避免引人注目。这意味着他们要坚持传统观念和习俗标准，不让自己成为热点人物，避免自己成为焦点。

如果这种逃避倾向在性格特征中占据了主导地位，它就会让人不敢冒任何风险。很显然，这种倾向最后势必会导致生活的匮乏和潜能的扭曲。因为，除非环境十分有利，不然任何幸福、任何成功的获得，都必然和冒险、努力奋斗相关。

目前为止，我们已讨论了神经症病人对可能遭遇的失败的恐惧，不过这只是病态竞争所伴随的焦虑的一种表现。同样，这种焦虑也会表现为对成功的恐惧。在许多神经症病人身上，焦虑在很大程度上涉及对他人的敌意，以致他们会恐惧成功，哪怕他们对成功有十足的把握。

神经症病人这种对成功的恐惧，来源于担心被他人嫉妒而失去他人的爱。很多时候这是一种自觉的恐惧。我的病人中有这样一位很有天赋和才情的作家，由于她的母亲也开始写作并取得了一些成功，她便因此完全放弃了自己的写作。过了很长一段时间后，她犹豫再三再次投入写作时，她担心的不是写得不好而是写得太好。有很长一段时间，她几乎完全不能做任何事情，原因就是她极端恐惧自己做的每一件事都会招致他人的嫉妒；所以，她把全部精力都用来去讨好他人，以期能得到他人喜爱。同样，这种恐惧也可能只是表现为一种隐隐的担心，担心自己一旦有所成就，所有的朋友必然会离自己而去。

但是，在大多数情况下，面对这种恐惧，神经症病人更多意识到的并不是恐惧本身，而是由此而引发的种种抑制。例如，他在打网球，每当接近胜利时，他就会感到有什么东西在阻碍他赢得胜利；或者，他可能忘了去赴一个对他的未来很重要的约会。如果在一场谈话中，他有特别中肯而有益的建议，他可能会用很低的声音，或是用非常简略的方式来阐述这个建议，以致不能给人们留下任何印象，也就更谈不上引起应有的轰动了。如果在工作中取得了不错的成果，他也通常会让他人代替他去宣布或发表。他发现，在和一些人在一起时，他可以侃侃而谈，思路清晰，表达得体；而和另一些人在一起时，他就显得迟钝。在和一些人在一起时，他演奏某种乐器得心应手，很有大师风度；而和另一些人在一起时，他就显得笨手笨脚了。虽然他对自己这种不稳定的状态感到困惑，但却找不到改变这一状态的办法。只有当他对自己的这种逃避倾向有所洞察时，他才会发现：一旦和一个不及他聪明的人交谈，他就会不自觉地、强迫性地表现得比对方更不聪明；一旦和一个笨拙的乐师一起演奏，他就会不自觉地强迫自己演奏得更坏。而这种种表现，都源于他害怕自己一旦优越于他人，就会给他人造成侮辱和伤害。

最后，如果他真的取得了成功，那么他不仅不能做到享受成功的乐趣，甚至还会觉得这好像并不是他自己的经历。也有另外一种可能，即他会尽量冲淡和贬低这种成功，把它归功于某种幸运，比如环境或者机遇，归功于某些无足轻重的外来因素。在取得成功之后，他很可能会觉得抑郁。这种抑郁一部分源于恐惧，一部分源于一种潜在的失望，也就是说实际的成功并未达到他的预期。

综上，神经症病人的内在冲突，一方面来自想要高人一等的、狂热而又不可拒的强烈愿望，另一方面则来自一旦开局不错、进展顺利就必然自我抑制的巨大强迫性。假如他成功地做成了一件事情，那么第二次他必然会把这件事搞得一塌糊涂；假如这堂课学得很好，那么下堂课就一定学得糟糕；假如在治疗过程中有所进展，接下来必然是故态复萌。这一连串的事件重复发生，致使他觉得自己是在和种种强大的怪癖作斗争，毫无胜算的希望。他就像珀涅罗珀一样，每天晚上都拿着白天织成的锦缎重新拆散。

所以，在整个过程的每一阶段，神经症病人都可能发生抑制作用。他可能完全压抑住自己的野心，以致完全不愿做任何一种工作；他可能也希望自己做一些事情，只是无法集中精力去完成；他也可能工作得十分出色，但却不愿承认这是一个成功；最后，他甚至哪怕取得了杰出成就，他也不能欣赏这一成就，甚至感觉不到。

在逃避竞争的许多方式之中，最重要的一种，可能是神经症病人在自己的想象中，在与真实的或臆想的竞争对手之间，制造出一种不可跨越的距离，以达到让一切竞争显得荒谬可笑，从而在意识中消除竞争心理。要造成这一距离，可以通过把他人置于高不可攀的地位上，也可以通过把自己置于极低的地位，如此，所有竞争的念头和竞争的企图就显得荒唐可笑了。这里讲到的后一过程，也就是我将要加以讨论的“自贱作用”(belittliing)。

自我轻贱、自我贬低可以是一种自觉的策略，只作为权宜之计来加以使用。假如一位大画家的徒弟画出了一幅出色之作，而又有理由担心招来老师的嫉妒，那么，他可能会用贬低自己作品的方式来缓和老师的嫉妒。但是，神经症病人对自己低估自己的倾向，仅有很细微的认识。就算他完成了一件了不起的工作，他也会认真地相信，换作别人会做得更好，自己的成功不过是一种巧合罢了，且以后不可能再做这么好。哪怕他已经做得很好了，他仍然能在鸡蛋里挑骨头，比如认为自己效率慢等，然后以此来否定自己的整个成就。当有人向他提出一个十分愚蠢的问题时，他通常更倾向于是他自己的愚蠢。当读到一本他有些无法认同的书时，他不是选择对它审思一番，而是倾向于以此推论到自己竟愚笨得无法理解这本书。甚至他还可能抱着这样一种信念，坚信自己已尽力对自己保持着一种批判和客观的态度。

这类人只关注到他这些自卑感的表面价值，并且始终坚持其正确性。即使这些自卑感会让他痛苦、抱怨，他也不能接受任何证据来消除这些自卑感。如果别人认为他的能力足以胜任这项工作，他就会坚持说是他们高估了他，那些在他人眼中惊人的成就不过是一种假象。正如前面我曾提到过的那个女孩子，她在体验到哥哥带给她的自卑后，遂在学校里产生了一种强烈的野心。不过，就算她在班上始终名列前茅，大家对她的优秀也一致认可，但她自己，却仍旧坚信自己是愚笨的。尽管一个女人照一照镜子，或感到异性欣赏的目光，就足以证明自己有一定魅力，但事实上她却抱住一个信念，就是不相信自己有任何的吸引力。很多人在40岁以前一直觉得自己太年轻，还没有能力发表自己的意见或担任领导工作；而过了40岁以后，他又会觉得自己已经太老，已无法提出新的见解或担任领导工作。有位著名的学者，他很奇怪自己为什么能不断地赢得他人尊敬，因为在他的自我感觉中，他始终不过是一个无关紧要的庸才。他觉得别人的赞誉和恭维不过是不实的谄媚，或者是有着不可告人的动机，以致让他感到愤怒。

这种现象很普遍。说明这种几乎是当今最普遍之邪恶的自卑感，在我们时代的神经症病人身上起着十分关键的作用，而且恰恰是这个原因，才让他们如此顽固地加以坚持和保护。这些自卑感的价值就在于：通过自我贬低让自己显得低人一等，并以此限制自己的野心，来缓和与竞争心理相关的焦虑。①

顺便提一下，我们不应忽视，自卑感有可能会对一个人的地位起到实际削弱和降低的作用，因为这种自我贬低的倾向通常会伤害到一个人的自信心。某种程度的自信心，乃是取得一切成就的先决条件。

具有强烈自卑倾向的人，可能会在梦中梦见竞争对手超过了自己，或梦见自己所处位置很不利。因为在潜意识中，他还是希望自己战胜对手的，所以这可能和弗洛伊德关于梦是愿望的满足的见解有些偏离。但是，对弗洛伊德的观点我们不应该狭隘理解。

① 戴·赫·劳伦斯在其小说《虹》中，对这一反应有过生动的描写："这种奇怪的残酷感和丑陋感总是出现在她的眼前，随时准备跳出来抓住她；这些旁观者怀着强烈的嫉妒心在一旁等候，因为她与众不同的感觉，对她的生活造成了最深刻的影响。无论她在哪里，在学校，在朋友中间，在大街上，在火车上，她都本能地贬低自己，缩小自己，假装自己比实际状况更不堪，因为她害怕她未被发现的小我会被别人看出来，会遭到他人，遭到自己大我的残酷仇恨和猛烈攻击。"

如果直接的愿望满足会带来更多焦虑，那么缓和这些焦虑就要比直接的愿望满足更加重要。所以，当一个对自己的野心有所恐惧的人梦见自己被人打败，这并不能说明他希望失败，而只能说他宁可失败。因为相比之下，失败对他的危害更小。我有一个病人，她计划在接受治疗期间举办一次演讲，因为那时她正想尽一切办法要挫败我。但她却做了一个和她想法相反的梦，在她的梦里，我正在进行一场十分成功的演讲，她则坐在听众席上，很谦卑，且对我充满崇拜。同样，一个野心勃勃的教师，也梦见自己的学生成了老师，而自己呢，却不能完成老师布置的作业。

自我贬低被神经症病人用来控制野心的程度，也同样表达出了这一事实，即遭到贬低的能力通常也是他最强烈渴望超越他人的那种能力。如果他的野心是要在知识上超越他人，智力和才华就是他用来实现野心的工具，那么智力和才华就会受到贬低。如果他的野心包含爱欲的性质，他实现这一野心的工具就是容貌和魅力，那么容貌和魅力就会遭到贬低。这种联系很常见，以致我们通过自我贬低倾向凝聚在什么点上，就可以推断出一个人的最大野心是什么。

到目前为止，这种自卑感和事实上的缺陷还不存在任何关系，我们只是把它作为逃避竞争倾向所产生的结果来进行讨论的。但是，难道它们真的和实际存在的缺陷，和对实际缺陷的认识丝毫无关吗？事实上，这种自卑感就是实际的缺陷和想象的缺陷两者共同的产物；是由焦虑催发的自我贬低倾向以及对实际存在的缺陷的认识——这两种因素的结合。

正如我多次强调过的那样，我们终究是无法欺骗和愚弄我们自己的，虽然我们能够成功地把某种冲动拒之意识的大门之外。正因如此，所以具有这种性格倾向的神经症病人，在内心深处，他是知道自己有必须隐藏的反社会倾向的。他知道自己的态度还谈不上真诚，知道自己的表象和隐藏在表面之下的暗流完全不同。他能够隐约意识到一切的表里不一，就是让自己产生自卑感的关键因素，尽管他绝不明确地承认这些表里不一的现象来自哪里——因为他们源自被压抑的驱力。由于不知道这些自卑感的来源，他对自己所做的解释，就不可能是真实的解释，而只能是一种使这种解释更合理化的努力。

他能意识到他的自卑感直接地体现了一种实际存在的缺陷，还有另一层原因。那就是他在自己野心的基础上，已经对自身的价值和重要性建立起了种种幻想，所以他会本能地拿实际成就和自己是一个天才、是一个完人的幻想来做比较。也正是在这种比较中，让他的实际行为和实际能力显得更为低劣。

这些逃避倾向的所有结果，正是神经症病人遭到的真正失败，或至少是没有达到与他的天赋、才华和机遇相匹配的高度。那些和他同一起步的人已经超越了他，有了更好的职业，取得了更大的成就。这种落后的局面并不单单指外在的成就。随着年岁的增长，他会越发觉察到在自己的潜能和成就之间所存在的巨大落差。

他尖锐地感觉到，不论自己的天赋和才能如何，它们终将会被白白地浪费掉；他意识到自己的人格发展受到了阻碍，经历了漫长岁月后他并未变得成熟[1]。他对意识到这种差距所作出的反应，是一种很模糊的不满足。这种不满足并不含有受虐狂的性质，而是一种实实在在、很明确的不满足。

一如我已经指出过的那样，造成这种潜能和成就之间巨大差距的，可能是外部环境。但在神经症病人身上呈现出的这一差距，作为神经症的明显标志和根本特征，却是由他内心的冲突导致的。他在现实生活中的失败，以及由此而产生的巨大差距，不可避免地会加强他已有的自卑感。所以，他不仅相信自己达不到原本可能达到的目标，而且会更确信自己比实际更加低能。如此，人格发展所受到的不良影响，致使他的自卑感有了现实的基础，从而变得更加巨大。

与此同时，我所提到过的另一种差距，也就是高涨的野心和贫乏而可怜的现实之间的差距，当这种差距变得难以忍受时，就会需要一种补救。这样，幻想就应运而生，变成了所谓的补救。在这种情形下，夸张的幻想便代替了实际可以获得的目标。当然，这些夸张的幻想对他具有的价值是很直接的：它们掩盖了那种让他难以忍受的虚无感；它们既让他感到自己的重要性又不需要参与任何竞争，所以也就不会招致失败或成功的危险；它们让

① 荣格曾明确地指出过，人在40岁左右时，他的人格的发展出现了障碍，但他并没有发现导致这一情形的种种条件，也就无法找到任何令人满意的解决方案。

他远离一切实际可实现的目标，从而建立起一种盲目自大的妄想。正是这种没有任何出路的价值，让这些夸张的幻想变成了危险的幻想，因为和一往直前的笔直大道相比，这种没有任何出路的死胡同，对神经症病人而言显然有更为明确的利益。

神经症病人的自大幻想，和正常人以及精神病病人的自大幻想不能相提并论，应该加以区分。有时候，就连正常人也会认为自己很了不起，所以他会对自己的所作所为赋予一种过分的、不恰当的重要性，沉浸在将来如何轰轰烈烈地干一番大事业的幻想之中；不同的是，这种想法虽然极端，但他很清楚这只是幻想，所以不会过于认真。可精神病病人的夸大妄想，则不一样。他深信自己是一位天才，是日本天皇，是拿破仑，是耶稣，并且本能地拒绝一切有碍于他幻想的现实证据；他完全不能接受任何旁观者的提醒，拒不承认自己的实际身份；哪怕到了最后他意识到这种分裂和脱节，也会采取一种能巩固他妄想的方式作出决定，他会认为：别人绝不会比他更聪明，他们这么做不过是为了伤害他而故意对他轻视和侮辱。

神经症病人居于这两个极端之间。假如他最终意识到这种夸大的自我评价，那么他做出的自觉反应，和正常人的反应就很相似。如果在梦中，他打扮成王室成员的样子出现，他会觉得这样的梦十分有趣和可笑。不过，虽然在自觉意识中他会觉得这些夸张的幻想很不实际，但在情感上，这些幻想对于他，却有着和精神病病人相似的现实价值。在这两种病例中，只有一个原因，这就是：这些夸大的幻想有着重要的功能。不管它们是多么脆弱和不稳固，但对于神经症病人来讲却是支撑自尊心的台柱。正因为如此，神经症病人才会始终抓住这些幻想不放。

在这种功能中潜伏着的危险，一旦当他的自尊心遭到打击时，就会立刻显露出来。这时，随着这一支柱的坍塌，他就会从幻想中跌入现实，从此一蹶不振。例如，一个原本有充分理由相信获得爱的姑娘，有一天却突然意识到，那个男人竟犹豫要不要和她结婚。在一次谈话中，他对她说：他觉得自己现在太年轻，还不具有结婚的条件，他认为比较明智的办法，是在还没有进入婚姻关系之前，更多地接触一些异性。姑娘经受不住这一打击，变得消沉，她开始感到自己的工作也不安全，并对失败产生了极大的恐惧；随之而来的是她希望远离一切，既不愿见人也不想工作。这种恐惧是如此强大，以致就算是令人振奋的事件，也不能使她感到安全。

与精神病病人不同，神经症病人会不自觉地怀着痛苦的敏感，把现实生活中无数和他幻想不符的琐事放在心上。所以，他对自己的评价天然就会摇摆不定，一会儿认为自己很伟大，一会儿又觉得自己一文不值。他随时都有可能从一个极端跳到另一个极端。就在他最相信自己有特殊价值的同时，他又会惊奇于别人认为他很重要。或者，就在他觉得自己特别可怜和低贱的同时，他又会对别人施与的帮助而感到愤怒。他很容易体验到伤害、蔑视、冷落，并针对这些感受报之复仇般的憎恨心理。

这里，我们再一次见证了“恶性循环”是如何发挥其作用的。这些夸大的幻想确实具有某种安慰的效果，并且以想象的形式给人以某种支持，但与此同时，它们也强化了逃避倾向，同时以敏感为导体，引发更大的愤怒，焦虑也随之加剧。当然，我们讲到的是严重的神经症，但是在较小的程度上，不那么严重的病例也同样有之。在这些病例中，对于这种情形，就算病人自己也通常难以察觉。不过在另一方面，只要神经症病人可以从事某种建设性的工作，那么他就能够建立起一种良性循环。通过这样的方式，将他的自信心建设好，随之他那些夸张的幻想也就没有什么存在的必要了。

因为神经症病人通常缺乏成就感，导致他在事业、婚姻、安全感和幸福感等所有方面都落后于他人，这促使他更加嫉妒他人，也强化了他通过其他途径形成的嫉妒倾向。当然，有很多因素能够让他抑制嫉妒倾向，例如性格中固有的高贵感，使他固执地相信自己没有权力去争取任何东西；又或是仅仅因为不能发现自己确实不幸。不过，这种嫉妒倾向越是受到抑制，就越有可能投射到他人身上，从而产生一种偏执狂似的恐惧，恐惧他人会在所有事情上嫉妒自己。这种焦虑是如此强大，以致他常常感到不舒服，就算是遇到某些好事，例如新的工作、对自己的褒奖、幸运的收获、交桃花运等，也同样如此。所以这种焦虑在很大程度上强化了他的逃避倾向，于是，他便不再奢望拥有任何事物，也不打算取得任何成功。

抛开一切细节，因神经症病人对权力、名望和财富的病态追求所导致的“恶性循环”，其主要表现大致如下：焦虑、敌意、受伤的自尊心→对权力、名望或财富的追求→敌意和焦虑的增加→逃避竞争的倾向（亦有自我贬低的倾向）→由此导致的失败以及在潜能和成就之间出现的差距→膨胀的优越感（亦有嫉妒心）→不断增多的妄想（亦有对嫉妒的恐惧）→越来越敏感（亦有新产生的逃避倾向）→越来越多的敌意和焦虑，由此陷入新一轮的循环。

不过，为了对嫉妒在神经症中发挥的作用有一个充分理解，我们就必须从更宽泛的角度来考察它。对于神经症病人，且不管他是否自觉地意识到这一点，我们先来分析，他不但是一个非常不幸的人，而且还看不到逃避这种不幸的可能。他为了拥有安全感而做出的一切努力，都被旁人说成是一种恶性循环；但在他自己看来，却是身陷绝境的一种绝望挣扎。正如我的一位病人所形容的，他觉得自己像是掉进了一个有许多门的地下室里，但不论他打开哪一扇门，最终都是投入一种新的黑暗；而由始至终，他都意识到此刻另外的人正在外面的阳光下散步。我认为，如果对神经症中包含着这种令人无力的绝望感没有认识，就不可能理解任何严重的神经症。这些神经症病人以有力的语言表达了这种愤怒，而另一些神经症病人却选择了用放弃或表面上的乐观主义来对其掩盖。于是，我们就很难发现，在所有古怪的虚荣、自负、要求和敌意背后，是一个正在受苦的人。他感到自己已被永远排除在一切让生活更好的享乐之外；他意识到就算得到了他希望得到的一切，也不可能去真正享用它。我们一旦意识到了所有这些绝望感的存在，也就不难理解他们的那些行为了，尽管那些行为看上去是如此富于攻击性，如此卑劣，如此难于解释。试想一下，一个完全被幸福拒之门外，没有任何欢乐可言的人，假若不对这个不属于他的世界充满仇恨，那他就是真正的天使了。

现在再回到嫉妒的问题上。这种慢慢形成和发展的绝望感，正是嫉妒赖以衍生的基础。它并不是有选择地针对某一特殊事物的嫉妒，而是尼采所说的生存嫉妒。也就是说这是一种带有普遍性的嫉妒，只要这个人显得更安全、更幸福、更自信，他就会产生嫉妒心理。

假设一个人心中已经形成了这种绝望感，那么，不管这种绝望感是接近于意识还是远离于意识，他都会企图对它进行解释。他不会像精神分析医生那样，把它看作是一种不可抗拒的过程的结果，而是相信它不是源于他人，就是源于自己。他通常会同时责备自己与别人，虽然在大多数情形下，这两种原因中只有一种会显现出来。一旦他有了这种责备意识，他就会表现出一种怨恨和控诉的态度。这种态度多数情况下会指向命运，也可能指向环境，指向某些具体的人，比如父母、老师、丈夫、医生。正如我反复指出过的，对他人的病态要求，在某种意义上要从这一角度去理解。神经症病人的思想会有一条自己所遵循的路线：“因为你们对我的痛苦负有责任，所以你们有义务来帮助我，而我也有权利要求你们的帮助。”一旦他开始从内心寻找邪恶的根源，他就会觉得自己的痛苦都是罪有应得。

当谈到神经症病人有把谴责加诸他人的倾向时，也许会引起一种误会。这听起来就如同说他对他人的谴责是没有凭据的。事实上，他完全有理由感到愤慨，而且理由充分，因为他的确受到过不公的待遇，尤其是在童年时代。但需要指出的是，在他的谴责中同样体现出了病态的因素，这就是：它们通常取代了为积极目标作建设性的努力，而且常常是盲目和不分青红皂白地。例如，他谴责的对象很可能就是那些希望对他有所帮助的人；同时，那些真正对他有伤害的人，他又是察觉不到的，又或者是根本无法表达正当的谴责。

第十三章

病态的犯罪感

我们时代的神经症人格

The neurotic personality of our time

在神经症的外在表现中，犯罪感似乎占了极大的比例。在某些特定的神经症中，这些犯罪感被大幅度地公开表现出来；而在其他神经症中，它们虽然被掩饰和伪装了，但却仍可以透过行为、态度、思维方式和反应方式等，看到它们的存在。这里，我先大致讨论一下，标志着犯罪感存在的种种外在表现。

在前一章中我提到，神经症病人总是觉得自己不配有更好的命运，并以此解释自己痛苦的来源。这种感觉可能飘忽不定，或附着在某些被社会禁忌的思想或行为上，例如，手淫、乱伦的愿望、希望自己亲人死去等。一般情况下，稍有异常，这种人就会疑神疑鬼。例如，如果有人约他见面，他的第一反应就是，我做的某件事败露了，这个人是来找我算账的。如果朋友很久不来拜访或很久不写信问候，他就会觉得是自己有问题。如果某件事情出了差错，他必定会认为这是自己导致的。即使在某些问题上，明显是别人的过错，是别人对不起他，他仍然会努力找出某种理由怪罪自己。不管发生什么样的争论或利益冲突，他都会坚定地认为他人是正确的，不会有任何错误。

在潜伏的犯罪感和显现的犯罪感之间，存在着唯一一条动荡的分界线。后者往往表现为自责，而这些自责通常又多具幻想性，或者至少带有很强的夸张性。神经症病人总是坚持不懈地想让自己看起来正当合理，尤其是当这些努力背后的价值尚未被清楚认识到的时候。透过这一情形，我们同样能发现，那些被隐藏起来的、飘忽不定的犯罪感的存在。

神经症病人异常恐惧别人反感自己，恐惧别人发现自己内心的隐秘，这一现象进一步揭示出了这种模糊的犯罪感的存在。在与精神分析医生进行对话时，神经症病人可以使自己和医生的关系显得像罪犯和法官的关系，从而导致自己难以与医生合作。他可能会把医生作的所有解释都视为对他的谴责，例如，如果医生告诉他，他的某种防御态度背后实际潜藏着特定的焦虑，他就会回答说："是的，我知道自己是个胆小鬼。"如果医生解释说，他不敢接近他人实际上是因为害怕受到他人的冷落和拒绝，他就会认为这是医生在责难他，于是他会为自己开脱，说他远离他人是为了让生活更简单轻松。很大程度上，强迫自己追求完美，也源于这种希望不被任何人反感的需要。

最后，如果遇到某种不利事件，例如失去某种机遇或遭到某种意外，大多数情况下，神经症病人反而会觉得更轻松、更自在。有时，他们甚至看上去像是在故意安排或引导这种不利事件的发生。如果仅从表面上观察这些现象，我们很可能会得出这样的推断：神经症病人的犯罪感是如此强烈，以致他需要通过使自己遭到某种惩罚，来消除这些犯罪感。

至此，我们面前好像有大量的证据可以证明，神经症病人不仅心中存在着特别尖锐的犯罪感，而且这些犯罪感对他的人格还产生了巨大的影响。然而，尽管这些证据显而易见，我们仍有很多理由提出以下疑问，即神经症病人究竟是否真的自觉意识到了这些犯罪感？那些体现无意识犯罪感存在的症状和态度，是不是还另有解释？

与自卑感类似，犯罪感同样不一定不被认可，神经症病人想要的也远不是快点摆脱它们。事实上，他们通常会异常坚定地认为自己有罪过，并且还会拼命抵抗一切企图帮他开脱罪名的努力。仅凭这种态度就足以看出，神经症病人如此顽固地坚持其有罪，其背后一定隐藏着某种具有重要功能的倾向。

此外，我们不应该忽略另一条理由，即对某件事感到真诚的悔恨和羞耻时，是十分痛苦的，而要把这种感受倾诉给他人则会更加痛苦。事实上，由于神经症病人对他人反感自己充满恐惧，因此他会比正常人更害怕倾诉。然而，我们实际看到的却是，这些病人在表达自己的犯罪感时，却显得十分欢欣和爽快。

况且，神经症病人的这种自责，虽然被我们认为是潜在犯罪感存在的标志，但其却有显而易见的非理性特征。不管是他那特殊的自我谴责，还是那自认为不配得到任何仁爱、赞美和成功的模糊感觉，都很可能走向非理性的极端，变成巨大的夸张，或是纯粹的幻想。

另外，神经症病人的这种自我谴责，并不一定是真正的犯罪感的表现。可以为此作证的情形就是：在无意识中，神经症病人根本就不认为自己一钱不值。甚至他就算看起来已经被这种犯罪感吞噬时，如果别人真的相信了他的这种自我谴责，他就很可能变得怒不可遏。

后面这种现象构成了最后一条理由。弗洛伊德在分析忧郁症病人的自我谴责时，就曾经指出，神经症病人一方面表现出犯罪感，另一方面却缺乏应有的自责和羞耻感。而他在宣布自己一钱不值的同时，会强烈地要求别人关心他、崇拜他，并且还会明确表示不愿意接受任何一点批评，哪怕这种批评微乎其微。有时，这一矛盾会异常明显地暴露出来，例如，有一位女士读到报纸上报导的每一桩罪行时，都会产生一种模糊不明的犯罪感。每当家中有人去世时，她都会自责一番，把他们的死亡归咎于自己。但是，某次，她的姐姐只是柔和地责备了她一下，说她不该向人要求太多的关心和体谅时，她却怒火攻心，以致当场昏倒在地。

不过，大多数情况下，这种矛盾会隐藏在表面现象之下，不会如此彰显。而神经症病人则可能会把这种自责的态度，错误地当作是一种正常的自我批评态度。他会认为，只要是善意的、有意义的批评，他就乐意接受。但这种相信自己的方式不过是一种掩饰，掩饰了他对批评的敏感，致使自己与事实真相背道而驰。而且，即使人们的忠告明显满是善意，也可能会引起他极大的愤怒，因为无论什么形式的忠告，都意味着在提示他是不完美的。

因此，如果我们认真细致地研究一下犯罪感的真实性，那么我们就会发现：那些看起来似乎是犯罪感的现象，事实上，绝大部分是焦虑的表现或是一种对抗焦虑的防御机制。在某种情况下，这一点也很适合正常人。在我们的文化中，对神明的畏惧要比畏惧人来得高尚；或者，除去宗教的因素，因良心不安而不做某事远比因害怕惩罚而不做某事显得高尚。许多丈夫宣称自己忠于妻子是出于良心，而事实上，他们不过是害怕自己的妻子罢了。由于大量焦虑存在于神经症中，所以，与正常人相比，用犯罪感来掩盖焦虑是神经症病人更常用的手段。但与正常人不同的是，神经症病人不仅害怕可能的后果，而且还会用不恰当的恐惧，预先想象某些后果。这些预先想象的性质由当时的情境决定。神经症病人很可能会因此产生夸大的想象，预感到某种即将发生的惩罚、报复或抛弃，或者他产生了模糊不清的恐惧。但不管是何种性质，他的恐惧却全都集中在同一点，大体上，我们可以将其称之为怕遭反感的恐惧；或者，如果这种怕遭反感的恐惧已经成了一种信念，我们就可以称其为怕人发现隐秘的恐惧。

在神经症中，经常会发现怕遭反感的恐惧。几乎每一个神经症病人都是，无论他看起来是多么自信，多么不在意他人的意见，实际上他都极为害怕被人反感、批评、指控，或害怕被人发现其隐秘，他们对此异常敏感。我已经指出过，这种怕遭反感的恐惧，往往预示着潜在犯罪感的存在。换言之，这种恐惧往往被理解为是犯罪感的结果。然而，批判性地观察却使这一结论变得可疑。在精神分析过程中，病人对某些经验或想法往往感到难以启齿。例如，那些有关死亡愿望、手淫、乱伦愿望的经验和想法，由于他们对此怀有极大的犯罪感，或者，更确切地说，因为他们相信自己为此感到有罪，所以他们很难向医生谈论这些经验和想法。但是，一旦获得了充分的信心，并且发现医生并没有反感或排斥这些经验或想法，他们不但会谈论这些内容，而且那种“犯罪感”也会立即消失。可见，这种犯罪感之所以会产生，是由于焦虑的缘故。他们比一般人更信任和依赖公众的意见，并因而天真地把公众意见错当成自己的判断。更何况，尽管在他们开诚布公地讲出那些导致犯罪感的经验后，犯罪感已经完全消逝，但他们怕被人反感的敏感程度却几乎没有改变。由此，我们可以得出这样一个结论：怕遭反感的恐惧并不是犯罪感的结果，而是它的原因。

在对犯罪感的发展和对犯罪感的理解上，怕遭反感的恐惧具有十分重要的意义，因此我必须先停下来，讨论一下它的内涵。

怕遭反感的过度恐惧，既可以盲目地针对一切人，也可以仅仅针对朋友，尽管通常情况下，神经症病人并不能正确地区分敌人和朋友。起初，这种恐惧仅仅关系到外部世界，而且，在或大或小的程度上，它也只是一直和他人的不同意见有关。但这种恐惧可以内化，同来自自我的反感相比，这种内化越是严重，来自外界的反感就越显得不重要。

怕遭反感的恐惧表现形式多样。有时它表现为总是害怕得罪他人，例如，对于别人的邀请或意见，神经症病人可能不敢拒绝或反对，而对于自己的愿望，他们也不敢做出任何表示；他们生怕自己有违习俗或某些既定的标准，惧怕以任何方式标新立异、引人注目等。这种恐惧也可以表现为总是害怕别人了解自己，即使神经症病人感觉到自己是受欢迎的，他也会倾向于退后躲避，生怕别人一旦了解自己而将自己遗弃。同样，这种恐惧也可以表现为不愿他人过问自己的任何私事，或者，只要他人提出的问题涉及自己，不管这个问题是多么无害，神经症病人都会表现出极大的愤怒，因为他觉得他们在试图以这些问题刺探他的隐私。

在精神分析过程中，怕遭反感的恐惧十分难于应付，它使医生举步维艰，又使病人痛苦不堪。尽管精神分析会因人而异，但所有这些分析都具备一个共同的特性，那就是病人一方面渴望得到医生的理解和帮助，另一方面又必然会把医生当成最危险的入侵者，极力抗拒。正因这种恐惧，病人才使自己表现得像个站在法官面前的罪犯；而且，他也正如罪犯一般，在心中暗下决定，要隐瞒或否认自己所有的真实想法，继而想方设法把他的医生引入歧途。

这种态度可以在梦中得以表现。例如，我的一位病人，在他的某些压抑倾向就快要被我们揭开的时候，他做了一个白日梦。梦中，他看见了一个孩子，这个孩子习惯不定期地去一个梦幻般的小岛上寻求庇护。之后，孩子加入了岛上的某个群体，并因此成为这个群体的执法人。法律规定严禁外人知道这座小岛的存在，任何进入小岛的外来人都将被处死。有一天，这孩子十分敬重喜爱的一个人（虽然经过伪装，但实际上这个人代表着精神分析医生）偶然间发现了小岛。按照法律，他应该被处死，但是只要他发誓永不再返回岛上，这个孩子就会救他。在整个分析过程中，以不同形式贯穿始终的内心冲突，以这种形式在白日梦中艺术地表现了出来，以此反映出病人对精神分析医生——他想窥探病人那些隐秘的情感——既敌视又喜爱的矛盾心理，并反映了病人既想保护隐私，又想被人理解的矛盾心理。

既然这种怕遭反感的恐惧不是由犯罪感引起的，那么人们一定会问，神经症病人又为何会如此担心被人发现其隐秘和怕被人反感呢？

其主要原因就是：面对世界和自己时，神经症病人露出的“面孔”(facade)[①]，和藏于面孔之后的所有受到压抑的倾向有着天壤之别。因为不能内外统一和不得不始终保持所有伪装，神经症病人备受煎熬——他自己并没有充分地意识到这一点。尽管如此，神经症病人仍然会不遗余力地维持这些伪装，因为这些伪装是他的保护屏障，用以抵抗那些潜在的焦虑对他的袭击。正是这些被他极力隐藏的东西，构成了他怕遭反感的恐惧的基础。认识到这一点，我们就能更好地理解，为什么即使某种“犯罪感”消失了，

① 可理解为荣格所说的“人格面具”（persona）。

病人也依然无法摆脱恐惧的纠缠。事实上，需要改善的情形不只是这一点。简单讲，正是他人格中的不真诚，或者说，正是他人格中病态的那一部分的不真诚，造成了他对遭人反感的恐惧；而他之所以害怕被人发现内心的隐秘，也正是由于这种不真诚。

说到他的这些隐秘所包含的特殊内容，首先，他最想要隐藏的就是人们通常所说的攻击性。而这一术语所指称的是和攻击相关的一切心理内容的总和，并不仅仅包括他的反应性敌意，如愤怒、仇恨、嫉妒、侮辱他人的欲望等，以及诸如此类的其他情绪，还包括他对他人的一切隐性要求。至于这些要求，前面我已经详细讲过，在此只简单地说一下：神经症病人实际上并不想通过自己的努力来获得成功或自己想要的一切；相反，他内心深处始终想要依赖他人而生活，不管是通过支配、剥削他人的方式，还是通过爱或顺从的方式。人们一旦触及了他的这些敌对反应或隐秘要求，他就会产生大量焦虑，这是因为他发现人们的这些行为威胁了他获得支持的机会，所以这与犯罪感无关。

其次，他想要隐藏的是：他的感觉——他感到自己是那么的软弱、不安，又是那么的无能为力，他的自信心如此薄弱，而他的焦虑又是如此强大。因此，他给自己做了一副坚固的面具。但是他越是想通过支配他人来获得安全感，他的骄傲就越是依附于力量，他在内心深处就越鄙薄自己。他不仅感觉到软弱中存在危险，还难以忍受任何人身上存在软弱，包括他自己，因为他觉得软弱很可耻。他把任何不足都视为软弱，这种不足包括，不能做一家之主，不能战胜某种内心障碍，不得不接受他人的帮助，还有不能摆脱自己心中的焦虑。他鄙视自己心中的任何“软弱”，而且总是担心这些软弱一旦被发现，别人就会同样瞧不起他。所以他想尽一切办法、不遗余力地隐藏它们，同时又总是害怕它们迟早会泄露，并因此产生持续不断的焦虑。

因此，犯罪感以及随之而生的自我谴责，不仅是怕遭反感的恐惧的结果，还是对抗这种恐惧的一种防御措施。它们在帮助神经症病人获得安全感的同时，又帮助他们将真实问题掩盖掉。而为了达到掩盖真实问题的目的，病人不是把注意力从那些内心隐秘上转移开，就是极力夸大这些隐秘使它们显得不真实。

此类情形十分常见，为了更好地说明它们，我来举两个例子。某天，一个病人严厉责备自己忘恩负义。他的医生只收取很少的费用就为他精心治疗，他却不知感恩，为此他很自责。但是在治疗结束后，他却发现自己忘了带钱，而这一天他原本要跟医生结算治疗费。在此，他想不付出任何代价就获得一切的隐秘愿望又一次得到了证实，而他那种华而不实、大而无当的自我谴责，与其他类似情形下的自责一般无二，它们都具有模糊和掩盖具体问题的功能。

还有一位女士，成熟、聪明，但她发起脾气来却像个小孩子一样，为此她深感内疚。可她发脾气明显是由于她父母的行为太不合情理，尽管她能理智地看到这一点，并且也已经完全不再信奉父母的一切都是对的，但她仍然感到自己罪孽深重，以致认为她与男人性关系的失败就是对自己的惩罚。通过谴责自己对父母的冒犯，来解释与男人性关系失败的原因，她就掩盖了那些真正导致性关系失败的因素。例如，她对男人怀有敌意，她因害怕受到冷落和拒绝，便先一步采取了一种退缩的自我保护态度等。

这种自我谴责不仅可以保护自己、对抗怕遭反感的恐惧，还可以通过反话的方式，使病人得到正面的安全感。即使这时任何人都不知道这些自我谴责，神经症病人也同样会因此提高自尊心继而获得安全感；因为只有道德判断足够敏锐的人，才能够谴责自己身上那些被外人忽略了的过错，这一点，最终将使他感到自己确实了不起。除此之外，自我谴责还能带给他一定的宽慰，因为这些谴责极少涉及他的真实问题和他对自己的不满，从而在事实上给自己暗中留下了一条活路，使自己相信自己毕竟还不算太坏。

对自我谴责倾向所具有的心理功能讨论到这里，我们需要暂停一下。因为，在继续这个话题之前，我们必须先考察一下避免被他人反感的其他方式。除了自我谴责之外，通过使自己永远正确或完美，先一步阻止任何批评的发生便是第二种方式。这种防御措施虽然与自我谴责截然相反，但最终能达到相同的目的。这种病人倾向于不给别人留下任何批评的把柄和理由，任何行为，甚至明显错误的行为，都会被他说得正当合理。他就像一位聪明的、经验丰富的律师，机智地为这些错误作了诡辩。这种态度甚至会发展到，即使是在微末的琐事上，病人都会想方设法保持一贯的正确（例如在天气变化问题上一贯正确）。因为，任何细枝末节的错误对于这种人来说，都意味着被全盘否认。这种类型的人通常连最轻微的异议、甚至是情感上的不同偏好都无法容忍，因为在他看来，只要是有一点不同意见，那就等于是在批评他本人。这种倾向在极大的程度上，解释了所谓的“虚假适应”(pseudo-adaptation)。而在某些病人身上极易发现这种倾向，他们尽管有严重的神经症，却仍然想方设法要在自己或周围人的眼中，维持“正常人”的样子并假装很能适应环境。对于这种类型的神经症病人，我们几乎可以准确地预言，他们内心一定存在巨大的怕遭反感和怕被人发现隐秘的恐惧。

神经症病人保护自己免遭他人反感的第三种方式，便是借无知、患病或无能为力来寻求庇护。关于这方面，我遇到过一个典型病例。那是在德国，我治疗过一个法国女孩子。她之所以会被送到我这里，是因为她的父母怀疑她智力低下。在最初的几周，经过分析治疗，我甚至也怀疑她确实智力低下。因为我不管提出什么样的问题，她好像都听不懂，尽管她的德语十分出色。我试着用更简单的话把那些问题又重复了一遍，仍然徒劳无功。最后，发生了两件事才将这种局面打开。第一件事是她做了一些梦，在梦中，我的诊所或者像一所监狱，或者像一个正在给她做体格检查的医生的诊断室。要知道，她对任何体格检查都异常恐惧，所以这两个梦都揭示出她有害怕被人发现隐秘的焦虑。另一件事发生在她的生活中，事件很偶然，那是在某个特殊场合，按法律规定，她需要出示护照，但是她忘记了。之后，在见到政府官员时，她便假装自己不懂德语，希望以此来躲避惩罚。当她大笑着向我叙述完这件事情的始末后，她突然意识到，一直以来她也在对我使用这一战术，而且也是出于同样的动机。至此，她证明了自己是一个非常聪明的姑娘。事实上，愚蠢无知一直是她的挡箭牌，她用这种方式来躲避被责骂被惩罚的危险。

原则上，任何感到自己是、或表现得像是一个不负责任、游手好闲、顽劣的人，都会采取这样的策略。某些神经症病人可能终其一生都会保持这种态度，或者，即使他们的举止并不是那么幼稚和孩子气，他们也会拒绝在自己的感觉中正正经经地看待自己。在精神分析治疗中，可以发现这种态度的功能和作用。在不得不承认自己有攻击倾向之时，病人很可能突然感到自己软弱无力，会像个小孩子一样渴望得到爱和保护，除此之外，他们什么都不需要。或者，他们会做一些梦，在梦中，他们异常的渺小柔弱，不是缩在母亲的子宫里，就是躺在母亲的怀抱里。

在某些特定情境中，如果采用软弱无力无法达到逃避的目的，病人就会采用生病的方式来逃避。众所周知，人们会以疾病为借口来逃避自己面临的困境。而对于神经症病人来说，疾病还可以被当作屏障，用以屏蔽他的意识，让他看不到：由于恐惧他正在逃避他原本应该解决的困境。例如，一个跟自己上司不好的神经症病人，可能会通过发作严重的消化不良来寻求保护。在这种情况下，疾病使他变得无能为力，让他看起来不可能有任何行动；之后他便能以此为借口，以避免意识到自己的怯懦。

避免他人任何形式的反感的最后一种防御措施，同时也是最重要的一种防御措施，是感觉到自己成了他人的牺牲品。由于感到自己被人利用，神经症病人就可以避免谴责自己那种想利用他人的倾向；由于感到自己可怜地被人冷落和忽视，他就可以避免谴责自己那种想占有他人的倾向；由于感到他人对自己毫无帮助，他就可以避免使他们看出自己有企图打败他们的倾向。这种感到自己成了他人牺牲品的策略，之所以这样经常地被使用和如此顽强地被坚持，恰恰证明了这是最有效的防御方法。它保证了神经症病人不仅能够免于自责，而且同时还可以反过来谴责他人。

现在，我们继续回到对自我谴责这种防御措施的探讨。除了保护自己以逃避怕遭反感的恐惧和从正面获得安全感之外，这种自我谴责还具有另一种功能，这就是使神经症病人看不出有任何改变自己的必要，实际上，他们用自我谴责代替了自我改变。改变已经形成了的人格，这对任何人来说都是极其艰难的事，而对神经症病人来说，更是双倍的艰难。因为，相对于普通人来讲，神经症病人不仅更难于发现自己有改变其人格的必要，而且由于焦虑，他的许多态度已经成为他人格中必不可少的组成部分。

因此，他非常害怕看见自己不得不改变自己的态度，所以他会退缩不前，拒不承认自己有任何改变的必要。逃避这一认识的方式之一，是暗自相信通过自我谴责就可以“蒙混过关”，这种情形在日常生活中随处可见。如果一个人痛恨自己所做的某一件事情或痛恨自己未能做成某件事情，并因而希望改变造成这种情形的人格态度，他就不会让自己沉浸在犯罪感中。因为那样做，就表明他逃避了改变自己人格态度的困难任务。悔恨自责的确比痛改前非、重新做人容易得多。

顺便提一句，为了蒙蔽自己，不让自己意识到改变的必要，神经症病人还会把自己现有的问题理智化 (intellectuailze)。那些喜欢这种做法的病人，会通过获得心理学知识，包括获得与自己有关的心理学知识，来得到理智上的巨大满足，但他们也仅止于此，不会再向前迈进。这样，这种理智化的态度就成了一种保护手段，被他们用来屏蔽情感上的某些体验，从而避免了使自己真正地意识到改变自己的必要。这种情形就好像是，他们一边观察着自己，一边说道：瞧，这多么有趣！

自我谴责的态度也可以用来排除他人的危险，因为由自己来承担过错似乎是一种更为安全的方式。对批评和指责他人的抑制，强化了神经症病人指责自己的倾向，而这两项在神经症中都发挥着极大的作用，我们应该对此进行充分讨论。

这些抑制作用通常都有一段形成和发展的过程。如果一个孩子，他生活成长的环境易引起恐惧、仇恨，并有碍孩子自尊心的自然形成，那么这个孩子就会从内心深处谴责周围的一切。但是，由于害怕受到惩罚，害怕失去他想要的爱，他不仅不能表达这些谴责，而且如果他十分胆小的话，他甚至不敢在自己的自觉意识中感受和觉察到这些谴责。这些幼年时期的反应在现实生活中，有着坚实的基础，这源于那些创造这种环境的父母，由于自身的病态敏感而无法接受任何批评。然而，这种父母必然正确的态度之所以普遍存在，却源于文化因素[①]。在我们的文化中，父母的地位建立在权威性的力量之上，为了强迫子女服从，父母始终要依靠这种权威性的力量。在许多家庭中，仁爱维系着家庭成员之间的关系，父母也不需要强调自己的权威性力量。但尽管如此，只要这种文化态度仍然存在，即便潜隐于幕后，它也依然会在不同程度上给家庭成员之间的关系蒙上一层阴影。

当一种关系建立在权威的基础上时，批评就会受到禁止，因为它会破坏权威。这种禁止可以是公开的，并依靠惩罚来维系和推行；它也可以较为隐蔽，并依靠道德来推行和维系，相比较，这种方式更为有效。如此一来，子女批评父母不仅要受到父母个人敏感的阻碍和限制，还会受到下述事实的阻碍和限制，这就是：由于文化的影响，父母深信子女批评父母是一种罪过，因而他们会以此或明或暗地影响子女，继而使子女也这样相信。在这种情形下，一个不那么胆小的孩子可能会表示某种反抗，但这种反抗却会让他觉得自己有罪。而一个比较胆小的孩子，他不仅不敢流露出任何不满，甚至渐渐的，他根本都不敢想象父母也可能不对。但他觉得一定有谁错了，既然父母始终是对的，那就一定是自己错了。毋庸置疑，通常情况下，这种推论并不是理智的，而是一种情感作用；它并非来源于思维，而是来源于恐惧。

① 参看弗洛姆《权威与家庭》中的这一段落和其他段落。

在这种情形下，子女会渐渐产生犯罪感。更确切地说，他形成了一种在自己身上寻找过错的倾向，而不是冷静地衡量双方的是非，客观地考察整个情形。在责怪自己的时候，他可能感到自卑而不是罪过。但在自卑感和犯罪感之间，只有一条流动可变的界限，它完全取决于对在他周围环境中流行的道德准则的或明或暗的强调。一个女孩子若始终屈居于姐妹之下，并且出于恐惧而屈服于不公平的待遇，始终压抑着自己内心感受到的不满和抗议，那她可能会对自己说，这种不公平的待遇是正当的，因为她本来就比自己的姐妹差劲（如不那么美丽，不那么聪明）；或者，她可能认为这样对待自己是正当的，因为她确实是一个坏孩子。在这两种情形下，她都是责怪自己，而没有意识到自己是在被虐待。

这种反应并不一定会持续下去。如果它并没有深深地铭刻在孩子的头脑中，如果周围的环境发生了改变，或者，如果他的生活中出现了欣赏他、称赞他并在感情上支持他的人，这种反应就会发生变化。但如果这种变化并未发生，这种把对他人的谴责转化为自我谴责的倾向就会变得越来越强。与此同时，对世界的仇恨会从不同的方面涌来，并逐渐地聚积，对表现仇恨的恐惧也会与日俱增。因为他会越来越害怕被人发现，并且会假定他人也像自己一样敏感。

然而，发现一种态度的历史渊源并不足以解释这种态度。不管是从实际的角度考虑，还是从动力的角度考虑，我们都无法回避一个更重要的问题，那就是：究竟是哪些因素造成了当下这种态度。神经症病人之所以特别难于批评和指责他人，是因为在他成年的人格中，存在着种种决定性的因素。

首先，这方面的无能是他缺乏自发的自我肯定的表现之一。在感受和表达对他人的指责，或者是攻击和防御时，这种态度采取的方式和我们文化中的健康人所采取的方式的不同，可以帮助我们理解这一缺陷。当遇到争论时，正常人能够为自己的主张辩护；当面对别人不正当的指责、讽刺和强求时，正常人能够驳斥；当遭到他人的忽视、冷落和欺骗时，正常人能够内在或外在的加以抗议。正常人能够拒绝他不喜欢的，或者当时的情境允许他拒绝他人的要求和施舍。在需要的时候，他能感受到他人的批评或指责，或者也能表达自己对他人的批评或指责。只要他愿意，他可以故意疏远某人或打发某人。此外，他能够正常地出击和自卫，而不会产生过分的、不恰当的情绪紧张，并且能够在过分的自我谴责和过分的攻击倾向——这种倾向会使他对整个世界产生狂暴的、不正当的谴责——这两者之间采取一种中庸之道。至此，我们可以得知，使健康人能够达到这种幸福的中庸之道，而神经症病人有不同程度上缺乏的那些必须的条件基础是：相对地摆脱了弥漫在无意识中的敌意，以及具有相对安全的自尊心。

当一个人缺少这种自发的自我肯定时，他不可避免地会觉得自己软弱无力，缺乏自我保护能力。若是一个人知道（或许并没有经过思考），只要形势需要自己就可以做出有力地反击和自卫，那他就是坚强的，他也能感觉到自己是坚强的；而一个人若知道自己事实上做不到这一点，那他是软弱的，而且他也能感觉到自己是软弱的。我们每个人都能像电动钟表一样，可以准确地记录下我们压抑争论是出于恐惧还是源于明智，接受别人的指责是出于软弱还是由于正义。即使我们能够成功地欺骗我们意识中自觉的自我，我们也不可能欺骗我们内心的自我。对于神经症病人来说，这种软弱的记录正是产生恼怒的源泉，它那样隐秘而又源源不断，不会枯竭。大多数的抑郁消沉都是源于不能为自己的主张辩护，不能表达自己的不同意见。

关于批评和谴责他人，还有一个更重要的障碍，这个障碍和基本焦虑有直接关系。如果一个人感到外部世界充满了敌意，如果他对这个世界完全无能为力，那么，对于他来说，冒得罪他人的任何风险，似乎都成了轻举妄动，最终不过是徒劳无功。而相对于神经症病人来说，这种危险就变得更加巨大。因为，他们的安全感原就依赖于他人的爱，而这种情形越是严重，他们也就越是害怕失去这种爱。和健康人相比，得罪他人对于他们来说有着完全不同的意义。既然他们觉得自己和他人的关系是异常薄弱的，那么他们自然也不会认为，他人跟他的关系会有多牢固。因此，得罪他人对于他们来说就意味着这种薄弱关系的最终决裂，继而使他们预感到自己将被他人仇恨和彻底抛弃。

此外，他们总是自觉或不自觉地认为，别人也像他们一样害怕被人发现隐秘和被人批评，因而在对待他人时，他们会尽可能地小心谨慎。实际上，他们也希望自己被他人这样对待。由于极其害怕指责他人，神经症病人将自己置身于艰难的困境之中，他们内心蓄满了憎恨与不满。众所周知，神经症病人对他人的大量指责，有时可能会以隐晦的方式表现出来，有时也可能会以公开的、最具攻击性的方式表现出来。但是，对于批评和指责他人，我仍然坚信神经症病人存在一种基本的怯懦，因此我需要简单地讨论一下，这些指责是在什么样的条件下表现出来的。

这些情形可以在神经症病人感到无比绝望的情况下表现出来，确切地说，是在他感到再得体的举止也无法避免他人的拒绝，自已再也没什么东西会因此失去的时候。另外，他竭尽全力显示出的友好仁慈、关心体贴未能立刻得到回报，甚至受到拒绝时，这种情形往往也会出现。所有这些谴责究竟会总的爆发一次，还是会持续一段时间，这要取决于他绝望多久。他可以一次性地把所有怨恨和不满都发泄在他人身上，也可以在一段较长的时期内持续表示某种谴责。确实，他说到做到，而且希望他人能认真对待。但是在内心深处，他却暗暗希望有人能意识到他有多么绝望，并希望人们能因此原谅和宽恕他的所作所为。即使没有感到绝望，只要他谴责的人是自已自觉意识中仇恨的人，这种情形也依然会发生。而且，他也没指望从这些人身上得到什么好处。而在我们即将讨论的另一种情形中，真诚已经无从谈起。

一旦神经症病人感到自己已经被人看透和被人指责，或正处在即将被人看透和被人指责的危险中，他也可能会以非常猛烈或不那么猛烈的方式对他人加以谴责。这时候，在他看来，激怒他人与遭人反感已经不相上下。他就像一头生性胆怯的小兽，在紧急关头，拼死发起反攻，以求摆脱危机。在异常恐惧某件事情被揭发的时候，或者，在做了预期会遭到反感的事情时，神经症病人通常可能会将不满发泄在精神分析医生的身上。

和在绝望的压力下指责他人不同，这种攻击是盲目的。在发泄这些攻击和指责的时候，神经症病人并不觉得自己这样做正确，他只是单纯觉得一种即将面临的危险需要排除——不管用什么方式排除。偶尔，神经症病人会觉得某些谴责确有其事，不是毫无根据的，但实际上这种谴责基本上是夸张的、虚幻的。事实上，在内心深处，神经症病人并不相信自己的这些谴责是真的，也并不指望别人拿它当真，倘若他人相信了这些话，并因此表示受到伤害，甚至就此与他辩驳，他反而会感到很惊讶。

当我们认识到对谴责的恐惧是神经症病人人格结构中固有的东西后，并且对这种恐惧的各种表现形式有了进一步的了解，我们就不难理解，为什么这方面的许多表面现象通常是自相矛盾的。神经症病人即使满心都是不满和对他人的谴责，但他们通常却难以有理有据地表达批评。例如，每当有东西丢失的时候，我的某个病人都十分肯定地认为是他的仆人把它偷走了。但即使这样，当仆人未能按时开饭时，他却无法对其进行谴责或提出异议。事实上，他的谴责总不在点上，而且让人感觉不现实，不是毫无道理就是凭空想象出来的。作为病人他可能会大骂和谴责医生，说医生毁了他，但就医生抽烟的嗜好他却难以提出真诚的抗议。

仅仅通过表达这类谴责，他还无法把心中的仇恨和不满全部释放出来，如果想要完全释放，那他还需要一些较为隐晦的方式，一些能让他在没有意识到的情况下表达出仇恨和不满的方式。这种方式可以是不经意间表现出来的，也可以是一种转移，从他真正想谴责的人身上转移到相对无关的人身上（例如，一个女人可能会将对丈夫的嫉恨转移到女佣身上，通过责骂女佣的方式），或者更常见地转移到咒骂环境或埋怨命运上去。这些“安全闸”一样的发泄方式，并不是神经症病人的专享。神经症病人间接地、不自觉地表现出种种对他人指责的特殊方法，是通过遭受痛苦作为其媒介的。神经症病人甚至可能会将自己作为谴责对象，用受苦的方式来发泄不满。由于丈夫经常晚归，妻子因不满而生病。这种方式不仅比大吵一通能更有效地表达她的嫉妒，而且还能在心中觉得自己很无辜。

遭受痛苦时，怎样才能将不满和谴责有效地表达出来，要取决于那些抑制谴责的各种作用。如果这种恐惧并不强烈，痛苦就会戏剧性地得以展现，而且用一种一般性的公开谴责：“你看你让我遭受了多少痛苦。”事实上，痛苦让谴责变得正当合理，它正是谴责能够表达出来的第三种条件。获得爱的方式也和这种方式紧密相连，通过这种谴责性的受苦，病人可以得到怜悯或恩惠，以此作为对所造成伤害的补偿。但谴责越是被抑制，这种痛苦就隐藏得越深，甚至他人都无法注意到神经症病人正在受苦。总之，我们能从这些方式中，发现神经症病人展示和表现其痛苦的各种变化形式。

由于各种恐惧，神经症病人总是在谴责他人和自我谴责之间徘徊。由此导致神经症病人在不确定性中备受煎熬，致使他们总是无法搞清自己应不应该批评他人，应不应该认为自己受到了亏待。他能根据经验隐约感觉到，他的这些指责通常并不恰当或与事实相符的，而不过是由自己的各种非理性反应所激发。而这种认识也使他更无法判断出自己究竟是不是真的受到了虐待，从而导致他不能在需要的时候采取一种坚定的立场。

通常，所有这些表现会被旁观者看成是特别尖锐的犯罪感的表现，这并不意味着旁观者本人即是神经症病人，但它的确意味着他和神经症病人的思维方式和感受方式都受到了文化的影响。要想理解文化如何影响了我们对待犯罪感的态度，我们就必须考察和历史、文化以及哲学有关的问题，而这本书所考虑的范围很难将这些囊括在内。不过，就算这些问题不能全部提及，我们至少要了解一下基督教思想对道德问题的影响。

有关犯罪感的讨论，简单总结如下：当神经症病人谴责自己的某种犯罪感，或将其表现出来的时候，我们首先要追问的并不是“究竟是什么东西使他产生了犯罪感？”而是“这种自我谴责的态度究竟可能具有什么样的功能和作用？”我们发现的最主要的功能是：表现其对于反感的恐惧，防御这种恐惧，避免对他人做出指责。

弗洛伊德和大多数追随他的精神分析医生把犯罪感看成是神经症的终极动因，这确实是那个时代的思想反映。弗洛伊德承认是恐惧导致了犯罪感的产生，因为他断言“超我”源于恐惧，继而产生犯罪感。但他的这种观点更倾向于：良心的要求和犯罪感一旦建立起来，就会作为最后的代理人而行使职能。进一步的分析表明：就算我们接受了外在的道德标准，学会了用犯罪感对付良心带给我们的压力，然而，犯罪感背后潜藏的那些动因即使表现得再微弱隐晦，也无法掩盖它是对后果的直接恐惧。如果承认犯罪感本身并不是最终的动力，那么修正某些精神分析理论就成为必然之事。这些理论假定犯罪感，特别是那些不确定的、被弗洛伊德尝试性地称之为无意识的犯罪感，对引发神经症具有极为重要的意义。我将仅限于提到这些理论中三种最重要的说法，这就是：“消极治疗反应”，也就是病人由于其无意识中的犯罪感而宁可继续生病的说法；“超我”作为一种内部建构而对自我行使惩罚的说法；以及道德受虐倾向，也就是把施与自己的痛苦说成是出于一种自我惩罚需要的说法。

第十四章

病态受苦的意义——受虐狂问题

我们时代的神经症人格

The neurotic personality of our time

我们已经了解到：神经症病人拼命挣扎于自己的内心冲突时，承受了太多的痛苦；并且，他通常把受苦作为一种手段，去实现由于某些困难而无法用其他手段达成的目标。尽管在每一种个人情境中，把痛苦作为手段的原因，以及想要达到的目的很容易被我们发现，但一些难以理解的问题仍然存在，这使得我们不明白人们为什么甘愿付出这样大的代价。就好像是滥用痛苦以及随时准备逃避去积极驾驭人生，是来源于某种潜在的驱力。这种驱力基本上可以看作是一种使自己更加软弱而不是坚强、更加不幸而不是幸福的倾向。

这种倾向和人们对于人性一般认知相悖，因此就成了一个很大的不解之谜，并且在事实上成为心理学和精神病学的巨大障碍。这确实是一个基本的受虐倾向问题。受虐一词最早涉及的是性变态和性幻想，在那些变态的性行为中，性满足要通过受苦，通过挨打、被折磨、强奸、被奴役、受凌辱来获得。弗洛伊德发现这些性变态和性幻想与某些一般的受苦倾向很类似，即那些并没有明显性基础的受苦倾向。这些受苦倾向被划入“道德性受虐倾向”范畴。在性变态和性幻想中，受苦是为了获得一种积极的满足，因此我们可以得出这样一个结论：一种渴望满足的愿望支配着所有的病态受苦；或者简单来说就是：神经症病人渴望受苦。性变态和上述所谓的道德性受虐的区别，就在于是否自觉。在性变态中，对满足的追求以及满足本身都是自觉的、有意识的；道德性受虐则不同，它对满足的追求和满足本身都是不自觉的、无意识的。

通过受苦来获得满足，就算在性变态中也是一个大问题；而在普通的受苦倾向中，则更加令人疑惑不解。

许多人都尝试过对这种受虐现象进行解释，这里面最精彩的解释要数弗洛伊德关于死亡本能的假说[①]。简明来说，这种假说认为，在人的内心有两大生物性力量发挥作用，那就是生命本能和死亡本能。死亡本能的目标在于自我毁灭，一旦和里比多驱力加以结合，就会导致受虐现象。

现在，我要提出一个很有趣的问题：这种受苦倾向能否从心理学角度去理解，而不是从一种生物学上的假说中找答案。

一开始我有必要澄清一种误解：有人总是把实际的痛苦和受苦倾向混为一谈。目前找不到任何证据来证明这样一个结论：说什么痛苦既然存在，就会有招惹痛苦甚至享受痛苦的倾向的存在。我们不可能像朵亦奇[②]那样，用女人有分娩的痛苦这一事实，作

① 弗洛伊德：《超越快乐原则》。
② 朵亦奇：《母亲和性欲》。

为女人有暗中享受这种痛苦的受虐倾向的依据，就算某些特殊病例中确有这种情况发生。事实上，神经症病人遭受的大部分痛苦，和所谓的受苦愿望毫无关系，而仅仅是确切存在的内心冲突的必然结果。之所以会有这种痛苦，其实和某人摔断腿必然会产生的痛苦并无两样。在这两种情形中，无论他是否愿意，痛苦都必然发生，而且他也不可能从这种痛苦中得到任何好处。

实际的内心冲突导致的外在焦虑，是神经症这种痛苦的显著表现，但并不是唯一的例证。其他类型的病态痛苦也可以从这个角度加以理解，例如终于意识到个人能力与现实成就之间差距越来越大的痛苦、感到自己身处绝望的困境产生的痛苦、对别人微不足道的轻慢过分敏感的痛苦，以及因患神经症而自轻自贱的痛苦。由于这些病态痛苦非常不明显，因此一旦把神经症病人的问题定义为渴望受苦，那么这些病态痛苦就会整个儿的被人们忽略了。这种情况发生后，我们通常会不自主地想知道，外行人甚至某些精神病医生，究竟在多大程度上，也和神经症病人一样，对自己的疾病抱有轻蔑的态度。

把那些不是由受苦倾向造成的病态痛苦排除之后，我们就要开始讨论由受苦倾向所导致，并因此应划入受虐驱力范围的病态痛苦。这些病态痛苦中，我们看到的表面印象是，神经症病人所遭受的痛苦，超出了有现实依据和现实理由的痛苦。更具体地说，神经症病人给人一种感觉：好像他身上有着某种东西会贪婪地抓住每一种受苦的机会，好像他能设法把哪怕是幸运的环境变成某种痛苦的环境，好像他很不愿意放弃痛苦。不过，在很大的程度上，造成这种印象的行为，应该由病态痛苦对神经症病人所具有的功能和作用来解释。

病态痛苦所具有的全部功能，我可以再总结一下前几章所提到的。神经症病人把受苦当作一种直接的防御，而事实上也确实能成为其保护自己避免眼前危险的唯一方式。通过自我谴责，神经症病人避免了被人谴责和谴责他人；通过表现出生病或表现为无知，他取得了别人的原谅；通过自我贬低，他避免了竞争的危险——不仅如此，他因此所招致的痛苦，也同样是一种防御手段。

受苦同样也是手段，是帮他获得他所希望获得的东西的一种手段，是能够让他用正当理由有效地去实现自己的要求的一种手段。基于那些对于人生的种种愿望，他实际上处在一种两难境地中。他的这些愿望都具有强迫性和无条件性。这些愿望一部分是由于不断受到焦虑的催促和推动，部分是由于它们不受任何对他人的现实考虑和体谅的限制。然而另一方面，他肯定和实现自己这些愿望的能力却受到了极大的损害，这在于他缺乏自发的自我肯定，或者用更普遍的话说，因为他有一种软弱无能的基本感觉。这种两难之境带来的结果就是：神经症病人期待他人来照顾他的愿望。他会给人留下这样一种印象：好像在他的所作所为的背后，都隐藏着一个信念，即他人应该对他的生活负责；一旦事情出了差错，他就会谴责对方。这种信念和他深信没有任何人能给他帮助的信念相对抗，就产生了这样的结果：他觉察到自己必须强迫别人来满足自己的愿望。就是在这样的情境下，受苦才成为神经症病人的帮手。痛苦和软弱无能成了他获得爱、获得帮助以及对别人进行控制的最有效手段，同时还避免了别人可能对他提出的任何要求。

最后，受苦还有一种作用，那就是通过伪装的也是最有效的方式，对别人进行谴责。在上一章中，我们对此已作过比较详细的讨论。

当我们发现病态痛苦所具有的这些功能后，该问题的一些神秘性质就不存在了，但问题却仍然没能得到彻底地解决。虽然我们认为受苦是一种具有策略性的手段，但仍然存在一种因素，支持着神经病人渴望受苦的说法，即神经症病人所受的痛苦通常超过出于其策略目的所应受的痛苦。他通常会对痛苦夸大其词，完全沉浸在无能为力、不幸、无价值的情绪中，甚至就算我们知道他的情绪是夸张的，不会相信这些情绪的表面价值，但仍然要为这样的事实吃惊。这个事实就是：由神经症病人内心的冲突倾向所产生的失望，是如此深地把他拖入不幸的深渊，以致显得与这种情境对他具有的意义很不相称。当他取得的成绩微不足道时，他会把他的失败夸张成一种无可挽回的耻辱。当他仅仅是不能获得自我肯定时，他却让自己的自尊心一落千丈，如同泄了气的气球。当在精神分析的过程中，他不得不面对一种不愉快的前景，不得不解决某个新问题时，他却可能陷入一种彻底绝望的境地。所以，我们还必须观察他为什么如此心甘情愿地增添自己的痛苦，乃至超过了其策略上的需要。

在这种痛苦中，没有很明显的利益可以获取，没有任何人会被打动，没有被施与任何的同情，也不可能通过在他人身上达成自己的愿望而获得某种隐秘的精神胜利。但即使这样，神经症病人还是能获得一种收获，尽管这收获和他预想的完全不同。在恋爱中惨遭失败，在竞争中遇到挫折，不得不承认自己的确有某些弱点和缺陷，对于一个对自己的独特性有充分认识的人来说，这一切都是无法忍受的。所以一旦在心目中把自己降低到不能再低的地步，成功和失败、优越和低劣的区别也就不复存在；通过把自己的痛苦夸大，通过使自己沉浸在不幸或一文不值的基本感觉中，这种令人愤怒的体验，在某种程度上也就失去了它的现实性。这种特殊的痛苦所带来的刺激也就被催眠，被麻醉了。这一过程中发挥作用的是一种辩证的原理，它包含着在某一关节点上，量可以转化为质的哲学真理。详细来谈，它意味着虽然受苦是痛苦的，但让自己沉浸在极大的痛苦中，却能起到类似用鸦片麻痹痛苦的作用。

对这一过程，一本丹麦小说有过精彩的描述。故事讲述了一位作家的爱妻两年前被人奸杀了，作家一直想要摆脱丧妻的痛苦，却只能模模糊糊地体验到实际发生的事情。为了逃避悲伤，作家把全副身心投入到工作中，日夜不停地写作，写完了一本书。故事开始于这本书完成的那一天，也就是说，故事开始于作家将不得不再次正视痛苦的那一刹那。然后我们看到了作家出现在墓地，他的脚步不知不觉地把他引向那里。我们看见他沉浸在可怕的幻觉之中，想象着蛆虫正在吞噬着死者的尸体，人们被活生生地埋于地下。最后，他心力交瘁地返回家中，然而痛苦并未终止，还在继续折磨着他。那实际发生的痛苦的一幕浮现在他的回忆中。如果那晚他也跟着妻子去拜访朋友，如果妻子打了电话让他去接她，如果她留在朋友家中，如果他出去散步在车站碰巧遇见她，或许谋杀案就不会发生。他开始细致地想象谋杀是怎样发生的，并由此沉浸在极度的痛苦中，直到最后完全丧失了知觉。至此，这个故事对于我们讨论的问题显得尤为有趣。接下来发生的事情，是作家从拼命自我折磨中恢复过来，之后，他仍然不得不解决复仇的问题，以及最后他终于能够真实地正视自己的痛苦。故事中出现的这一过程，在某些悲悼和丧葬的风俗中也同样能看到，这些风俗通过尖锐地强化痛苦，并且让人完全沉溺于痛苦之中，最终却可起到缓和减轻失去亲人的痛苦的作用。

一旦我们认识到经过夸张的痛苦具有这种麻醉效果，我们就能够更进一步，去理解受虐倾向中那些可以被理解的动机。不过，还是存在着这样的问题，即为什么这种痛苦可以产生满足，因为这种满足显然不仅存在于性变态和性幻想的受虐倾向中，而且我们也相信它确实也存在于神经症病人一般的受苦倾向中。

为了解答这个问题，首先，我们必须要发现一切受虐倾向所共同具有的那些要素，或者更准确地说，是要发现隐藏在倾向下面的对人生的基本态度。当我们从这样的角度去观察这些倾向时，就会明确地发现，内在的软弱感便是其普遍的共同特性。这种软弱感表现在对待自己、外人以及命运的全部态度上。换言之，我们可以把它描述成一种深刻的无意义感甚至是虚无感。这是一种芦苇随风摇摆的感觉，一种处在被他人掌控、不得不唯命是从的感觉。这种感觉表现出过分顺从的倾向，或出于自卫而过分强调支配他人和绝不退让。这是一种对他人的爱的信赖感，是一种对他人的决断的依赖感——前者表现为对爱的过度需要，后者表现为对被人反感的过分恐惧。这是一种无法支配自己的生活，因而不得不让别人为自己的生活承担责任和做出决断的感觉，是一种善和恶皆来自外界、个人完全丧失掌控自我的感觉。这种感觉消极地体现在预感将要大难临头，积极的一方面则是表现为期待奇迹发生，但是自己却什么也不用做。这是一种如果他人不提供刺激、提供方法和目标，自己就无法生存、不能工作、不能享受任何事物的对人生的整体感觉，以及像奴隶一样被随意摆布的感觉。

那么如何去理解这种内在的软弱感呢？归根结底这难道不是一种缺乏生命活力的表现吗？在某种情形下确实有这种可能，但总体来说，神经症病人生命力的差异并不比正常人更大。那么，这是基本焦虑导致的一种单纯后果吗？的确，这跟焦虑有着某种关系，但如果只是焦虑，却完全可能形成相反的影响，即迫使一个人去追求和获得更多的力量，以此来获得安全。

答案只有一个：这种内在的软弱感根本就不是一个事实，我们所感觉到的软弱或者像软弱的，其实只是一种软弱倾向的结果。回顾我们之前讨论过的那些特征，不难发现这一事实：神经症病人在自我感觉中夸大了自己的软弱，并固执地坚持着这种软弱。

其实，这种软弱倾向不仅可以通过逻辑推论来发现，在我们的工作中也通常能够发现这一点。其表现就是他妄想抓住一切可能的机会，让自己相信自己患上了某种器质性疾病。有一个病人，但凡遇到任何困难，就特别强烈地希望自己患上肺结核，然后躺在疗养院中被人照料、呵护。无论谁提出要求，他的第一反应就是服从；接着，他又可能走向另一个极端，也就是绝对地拒绝屈服。

在精神分析的过程中，病人总会自我谴责，这种谴责来自他把一种预先估计到的批评作为他自己的主张，这就表明他随时准备先屈服于别人的判断。他们总是盲目接受权威意见，依赖别人，时刻以“我不能”的态度逃避困难，从不把困难挫折当作是一种挑战。所有这些态度都在表明这种软弱倾向的存在。

一般来说，这些包含在软弱倾向中的痛苦并不能产生意识到的满足。相反，不管其目的如何，它们的确是神经症病人对于痛苦的总体意识的一个组成部分。尽管如此，这些倾向依然是为了获得满足而存在，即使是不能或者表面上看起来并不能实现这个目的。有时候，我们也可以观察到这一目的，有时候会看到获得满足的目的明显已经达到。一位病人去拜访住在乡下的朋友，她到了之后，没有人去车站接她，之后她又发现有的朋友已经离家外出，对此她非常失望。她说，到现在为止，这可真是一场痛苦的体验，而且紧接着她就感到自己陷入一种极度孤独和绝望的情绪中。很快她就发现，这种感觉和产生它的诱因完全不相称，远远超过她所受到的刺激。而像这样任由自己陷入不幸的状态中，不仅可以减轻她的痛苦，甚至使她得到了一种愉悦的快感。

满足的实现，在具有受虐性质的性变态和性幻想中，例如在被强奸、被毒打、被凌辱、被奴役的幻想以及幻想被实施的过程中，会更普遍也更明显。事实上，它们不过是同一种软弱倾向的不同表现罢了。

藉由沉浸在痛苦中来获得满足，体现出这样一种共同的原则，即通过把自己消融在某种更巨大的东西中，通过消除自己的个体性，通过放弃自我和它所包含的一切质疑、矛盾、痛苦、局限和孤独，来获得最终的满足。[①] 这正是尼采所说的从“个体性原则”(principium individuationis) 中解放出来；也正是他称为“酒神”精神的那种东西，他把这种倾向看作是与“日神”（它致力于积极塑造和掌握人生）精神完全相反的一种人类基本追求。鲁思·本尼迪克特在谈到酒神倾向时，就把它跟人们企图获得狂欢体验的努力联系起来，指出这种倾向在各种不同文化中的存在之广泛，其表现形式更是多种多样。

“酒神精神”这一术语来源于古希腊的酒神崇拜仪式。这种仪式以及更早的色雷西安斯 (Thracians) 崇拜仪式，其目的就是通过强烈地刺激各种感觉达到产生幻觉状态为止。达到极度销魂状态的方式是音乐统一的韵律和节奏、夜晚疯狂的跳舞、酩酊大醉、性的放纵，所有这些为了达到一种狂欢和销魂所采取的

① 我对这种对受虐倾向所获得的满足的解释，基本上与弗洛姆在上面提到过的那本书中所做的解释一样。

手段。全世界都有遵循这一原则的风俗和仪式，对集体就是节日的放纵和宗教的狂欢，对个人就是吸毒和服药来达到销魂的境界。痛苦在造成酒神狂欢方面也能发挥其作用。在有一些平原印第安部落中，人们会通过禁食、从身上割去一块肉、用一种痛苦的姿势把人捆绑起来等方式来获得幻觉。在平原印第安人最重要的仪式太阳舞中，折磨肉体是刺激起销魂体验的最常见的方式。中世纪的鞭笞教徒 (the Flagellantes) 就是用鞭子抽打自己来产生销魂的快感的。新墨西哥州的赎罪教徒 (the Penitentes) 则用荆刺、抽打和负重来刺激以产生销魂的快感。

在我们的文化中，虽然酒神精神文化的这些表现，还远不是早已经定型的经验，但它们对于我们而言却并不完全陌生。在某种程度上，我们每个人都体验过从“放弃自我”中获得的满足。我们从经过肉体和精神的紧张后沉入睡梦的过程中，甚至从进入麻醉的过程中，都能够感受到这种满足。酗酒也可以带给我们同样的效果。使用酒精的过程中，解除抑制作用无疑是一种因素，减轻痛苦和焦虑无疑是又一种因素。但是，这并不是最终的满足，因为获得狂欢和放纵才是最终的目的。然而，有些人并不知道通过让自己消融在一种伟大的感觉中就可以获得满足，无论这种感觉是爱，是大自然，是音乐，是对事业的追求，还是性的放纵。那么，我们如何才能把这种追求中明显表现出的普遍性加以解释和说明呢？

就算生活能给人们提供各种欢乐，但同时它也充满无法避免的悲剧，即使没有特殊的痛苦，也存在着生、老、病、死这些事实。概括来讲，每一个人的生命个体都是有限的和孤独的，这是不可改变的事实。一个人的理解是有限的，成就和享受是有限的，因为他是一个独一无二的实体，因为他脱离了自己的同胞，脱离了身边的大自然，所以他又是孤独的。事实上，大部分追求狂欢、寻求放纵的文化倾向，要克服的正是这种个体的有限和孤独。对这种追求的最深刻而优美的表达，可见《奥义书》所载；也可从千百河流奔腾汇合消逝于海洋之中，江河失去了自己的名称和形状的自然画面中寻到。通过把自我消融在某种更巨大的东西中，让自己成为一个更大的实体的组成部分，那么个人在一定的程度上也就战胜了自己的有限性。就像《奥义书》中所写：“借消失于虚无，我们汇入到宇宙生生不息的创造之中。”这仿佛就是宗教必须要给人类提供的最大安慰和最大满足。藉由放弃自我，人类可以与上帝同在，同自然合一。此外，忠诚于一桩伟大事业也一样可以获得这种满足，借助于这一事业，我们就能够和一个更大的整体融为一体。

在我们的文化中，我们更熟悉的是一种完全相反的对待自我的态度：高度强调、评价个人的独特性和唯一性的态度。我们的文化中，个人会有一种强烈的感觉，他自己的自我就是一个分离的实体，它和外部世界不同，甚至对立。他不仅坚持这种个体性，而且还能从中获得相当大的满足；在发展自己特殊的潜能中，在通过积极的努力来掌控世界和主宰自己的过程中，在成为生产性的人和从事创造性的工作中，他获得了自己的幸福。对这种个性发展的理想，歌德曾有言论："人最大的幸福就在于发展个性。"

而我们已经讨论过的那种与此对立的倾向——通过打破个体性的桎梏，来消除其有限性和孤独感的倾向，同样也是一种根深蒂固的人类心态，同样也包含着潜在的满足。这两种倾向本身都不是病态的，保持、发展个性以及牺牲放弃个性，都是作为解决人类问题的合理目标。

几乎所有神经症都是以最直接的方式表现了这种消灭和放弃自我的倾向。具体表现形式如：幻想离家出走，成为被人丢弃或失去了归宿的人，并充当书中的主人公；也可能像一个病人所说的那样，感到自己被抛弃在黑暗和波涛之中，最终与黑夜和波涛融为一体。这种倾向可以包含在希望被人催眠的愿望中，包含在神秘主义的倾向中，包含在虚幻的感觉中，包含在过度睡眠的需求中，包含在对生病、疯狂甚至死亡的渴望中。

正如我上面所述，在这些不同的受虐幻想中，有一个共同因素，它是一种受别人主宰、受别人摆布的感觉，是一种一切意志被剥夺、一切力量被夺取的感觉，是一种完全屈服于别人统治和支配的感觉。每一种不同的表现方式，自然要取决于其特定的形式并且具有其本身的内涵。例如，被奴役的感觉，或许只是成为他人牺牲品这种一般倾向的组成部分之一，进而成为一种防御措施来避免奴役他人的冲动，同时也是对他人不受自己支配的一种谴责。但是除了这种表现自卫和敌意的意义外，它同时还隐藏着一种自我放弃的积极价值。

或是自己屈服于他人，或是屈服于命运，两者之间无论他自愿去承受哪种痛苦，他追求的一切满足，都似乎是在削弱或消除个人的自我，如此，他就不再是一个积极的行动者，而变为一个没有个人意志的客体 (object)。

一旦受虐倾向像这样被整合到一种放弃自我的总体倾向中，并通过软弱和痛苦来获得满足的这种追求，就不再令人感到奇怪；它已被放置在一个熟悉的参考系中。[①] 神经症病人所具有的顽固受虐倾向，完全可以由这样的一个事实来解释，那就是这种受虐倾向同时可以作为保护手段，对抗焦虑以及提供潜在的或现实的满足。我们可以看到，除了在性幻想和性变态中，这种满足很难成为现实的满足——即使对他的追求在软弱和消极的总体倾向中是一个关键性因素。这样就产生了最后一个问题：为什么神经症病人获得解脱和放弃、获得他所希望的满足会这么难呢？

导致神经症病人无法获得这种满足的一个重要原因，是这种受虐倾向要受到他对个人独特性的过分强调的拦截和抵抗。大部分受虐现象都和神经症症状一样，其性质都是许多各不相容的追求所达成的一种妥协。神经症病人总是倾向于服从别人的意志，但与此同时他又固执地认为世界应该适应自己。他自觉自己受到

① 威廉·赖希在《精神关联与植物循环》和《性格分析》中，曾经做过同样尝试，希望解决受虐问题。他也坚持认定受虐倾向与快乐原则并不相悖，然而他把它们放在性的基础上。我认为神经症病人是追求个性领域的瓦解，他则认为是追求性高潮和快感。

奴役，但同时他又坚信自己应该有支配别人的权力。他既希望自己无能为力，需要他人照料，但同时又想要坚持自己完全自足，而实际上他也确实坚信自己无所不能。他总是感到自己无足轻重，不值一文，可一旦别人不把他当天才看待，他又会勃然大怒。显然，能够调和这种对立的、极端的满意方案是不存在的，尤其在这两种追求都如此强烈的时候。

这种寻求自我泯灭的驱力，和正常人相比，在神经症病人身上显得更不可抗拒，因为他们不仅要摆脱人类普遍存在的恐惧、局限和孤独，还要摆脱一种被束缚在无法解决的冲突中的感觉，以及由此而引发的痛苦感受。他们那种与此相冲突的、追求权力和自我扩张的驱力也同样是超出正常程度和无法抗拒的。显然，他是企图做到根本不可能做到的事情，企图同时既没有任何不是又一无所是。例如，他可能生活在一种软弱、无能为力的依赖状态中，同时却会又借自己的软弱无能来控制别人。他或许会把这种妥协误以为是自己懂得退让；事实则不然，有时就连心理学家们也会倾向于混淆这两种情形，并假定退让本身就是一种受虐态度。然而，实际情况却恰巧相反，有受虐倾向的人根本不可能让自己屈服于任何人或沉浸于任何事。例如，他不可能把自己的所有的精力都投入到一项事业中，也不可能在恋爱中把自己全身心交给对方。他会让自己屈服于任何人，抑或沉浸于任何事，但在这种屈服和沉浸中，他完全是消极被动的。他只是把引起自己痛苦的感觉、兴趣或他人，当作是自己达成失去自我的一种方式。在他的自我和他人之间，那种积极的相互作用是不存在的，他只是以自我为中心而专注于自己的目的。真正意义上把自己交给别人或一项事业，是内在力量的一种表现，而受虐者的自我放弃却完全是因为他自身的软弱。

神经症病人所追求的满足之所以很难达到，还有一个原因就是我描述过的病态人格结构中固有的破坏性因素。文化的“酒神”精神中并不含有这些破坏性因素，也没有任何称得上具有病态的破坏性的东西，会对人格的结构、对人格中获得成就和幸福的潜能造成破坏。我们不妨拿希腊人的酒神崇拜和神经症病人坠入疯狂的幻想进行比较。前者是在追求一种短暂的销魂体验来增加人生的乐趣，而后者的追求却是一种对自我的泯灭和抛弃，既不是为了再生而暂时地投入，更不是为了让生活变得更加丰富多彩。它的目的就是为了泯灭整个痛苦的自我，而不去考虑其存在的价值。所以，人格中还没受到伤害的部分自然会对此做出恐惧的反应。事实上，部分人格迫使整个人格对这种可能发生的灾难所产生的恐惧反应，通常是对意识发生影响的这一过程的唯一因素。神经症病人对此所知道的一切，就是他对陷入疯狂怀有的恐惧。只有把这个过程分解开来，找到它的构成部分，即一种自我泯灭的驱力和一种反应性的恐惧，我们才有可能理解到他是在追求一种满足。然而他怀着对获得这种满足的恐惧，恰恰使得他无法获得这种满足。

我们文化中有一种独特的因素，它强化了这种与自我泯灭倾向有关的焦虑。在西方文明中，这些倾向（哪怕不考虑其病态性质），能够在其中获得满足的文化模式，就算有，也是极其稀少的。宗教虽然提供了这样的一种可能，但它已失去了自身的力量并且要服从大多数。事实上，这种满足的有效的文化手段不但没有获得，而且它们的形成和发展通常还要受到种种打击。因为在这种个人主义的文化中，社会对个人许以期望：自立自强、自尊自信，如果必要的话，自己要先闯出一条路来。在我们的文化中，屈服于自我泯灭的倾向，会有招致被整个社会唾弃的危险。

对这种通常把神经症病人和他所追求的独特满足分隔开的恐惧加以关注，我们就比较容易理解受虐幻想和受虐变态对他而言的价值。如果神经症病人的自我埋没倾向只在幻想中或性行为中存在，他就有可能逃避完全的自我泯灭的危险。和酒神崇拜类似，种种受虐的方式提供给人一种暂时的解脱和忘却，而且相对来说对自己的伤害较小。这些受虐倾向经常渗透到整个人格结构中，但有时它们也只是集中于性行为，对人格的其他部分相对来说并无制约。有这样一些人，他们在自己的工作中积极主动，不断进取获得了一定的成就，然而却时不时被迫沉浸在受虐变态中。例如，模仿女人的穿戴，或者故意做出淘气男孩的行为而使自己挨一顿痛打。另一方面，他无法为自己的困境找到一种满意的解决方式的恐惧心理，同样也会渗透到他的受虐倾向中去。如果这些倾向具有性欲色彩，他就会开始整体地疏远、压抑自己性欲。虽然他有着强烈的关于性的受虐幻想，但他会表现出对异性的反感，或者至少也要表现出严重的性禁忌。

弗洛伊德认为受虐倾向实质上属于性现象，为了解释说明这一观点他制定了一整套理论。在起源上，他认为受虐倾向侧面体现出性欲发展过程中受生物性决定的一个确定阶段，也就是所谓的肛门欲阶段。之后，他又补充了这样一种假说：受虐倾向和女性气质之间有着某种天生的血缘关系，并且隐含着某种渴望成为女人的意愿。这一假定就和前面提到过的一样，意思是说受虐倾向是自我毁灭倾向和性欲驱力的结合，其作用就是让自我毁灭倾向变得对个人无害。

我的观点与之相反，总结如下：受虐倾向既不是本质上属于性欲现象，也不是由生物性所决定的过程导致，而是源自人格中的冲突。它的目的并不在于受苦，这一点上，神经症病人和所有正常人一样，都不希望受苦。神经症病人的痛苦，就其具有的某些功能来说，并不是自身希望获得的东西，而是一种不得不付出的代价；痛苦本身并非神经症病人所追求的满足，自我泯灭才是。

第十五章

文化与神经症

我们时代的神经症人格

The neurotic personality of our time

就连最有经验的精神分析医生，在对每一个病人的分析中，都会面临许多的新问题。在每一个病人身上，他都会发现自己正面临前所未有的困难，面临更多难以辨认、难以解释的态度，以及许多乍看上去扑朔迷离、无法看透的反应。我们在前面章节已经描述过神经症性格结构的复杂性，回顾其中所包含的各种复杂因素，这种多样性也就见怪不怪了。遗传带来的个人差异，加上他一生经历和体验的差异，尤其是童年时代经验的差异，这些因素的组合造就了无限复杂的多样性。

然而，就像我们从一开始就指出的：尽管所有人之间都存在差异,导致神经症形成的最重要的内心冲突始终是同样的。大范围来讲，在我们的文化中，身心健康的人也同样要面临这些冲突。虽然已经是老生常谈，但是再重复一遍或许仍然有用：在神经症病人和正常人之间不可能划出一条明确的界限。许多读者面对着自己内心的诸多冲突和态度，极可能会自问：我是不是神经症病人？最有效的判断标准是：个人能否感到这些冲突已成为自己的桎梏和困境，又能否正视这些冲突并干脆地应付并把这些冲突解决掉。

当我们发现我们文化中的神经症病人都遭遇着同样的内心冲突，而在小范围内，普通人也同样面临着这些内心冲突，我们就不得不再次面对那个我们一开始就提出过的问题：在我们文化中，究竟是哪些条件，导致神经症的形成刚好是围绕着这样一些特殊的冲突，而不是别的冲突。

对这个问题，弗洛伊德理论只做了有限的思考，其生物学倾向注定了其缺乏社会学倾向，所以弗洛伊德总是把社会现象归结为心理因素，又会把心理因素归结为生物性因素（里比多理论）。这样的倾向使得很多精神分析作家开始相信：死亡本能的作用导致了战争发生；现今的经济制度源自肛门欲驱动力；机器人为什么不能在两千年前出现，要从那个年代的自恋倾向中去找原因。

弗洛伊德没有把文化看作是复杂的社会过程的产物，而是将它视为生物性驱力的产物，这些生物性驱力被抑制或者被升华，其结果就是在此之上建立起各种反应形式。越是对这些生物驱力的抑制完全彻底，文化的发展程度就越高。由于升华的能力是有限的，由于原始驱力的强烈压抑一旦得不到升华就会导致神经症，所以文化的成长就必然意味着神经症的产生。可以说，人类为了文化的发展，神经症是不得不付出的代价。

在这一思维线索下隐藏着一个理论前提，那就是要相信由生物性决定的人性的存在，或者准确地说，是相信口唇、肛门、生殖器和攻击性驱力均等地分布在所有人的身上。个人与个人、文化与文化之间形成的差异，都源于对压抑需要的不同程度，以及这种压抑用不同种程度对不同种类的驱力所施加的附加限制。

历史学家和人类学的发现，没能证实文化的发展和性驱力、攻击驱力、压抑强度之间，存在着一种直接的关系。导致这种错误的原因，在于其假设的是一种量的关系而不是一种质的关系。这种关系并不存在于压抑的程度和文化发展的程度之间，而是存在于个人冲突的性质和文化困境的性质之间。当然，量的因素不容忽视，但只有在整体结构的框架和范围内，我们才能对其正确的估计。

在我们的文化中，一些固有的典型困境作为内心的冲突反映在所有人的生活中，长年累月就有可能导致神经症形成。由于我不是社会学家，故只简略地指出那些导致文化问题和神经症问题的主要倾向。

现代文化在经济中，基于的是个人竞争的原则。独立的个人必须要与所处群体中的其他人竞争，必须要超过别人、排挤掉别人。一个人得利，另一个人就会有所损失。这样的心理就会导致人与人之间的潜在敌意增强，每一个人都是另一个人直接或潜在的竞争对手。这样的情形体现在同一职业群体中特别明显，尽管群体成员努力追求公平，并极力用谦让有礼的君子风度将竞争掩盖起来。必须说明的是，这种竞争，以及伴随竞争的潜在敌意，已经完全渗透进我们所有的关系中。竞争成为具有压倒性优势的因素，已经渗透到男人和男人、女人和女人的关系中。无论竞争的焦点是气度、才能、魅力还是其他的社会价值，都会对可能建立的任何可靠友谊造成破坏。同样，就像已经表现出的那样，竞争也妨碍了男人和女人之间的关系，这不仅反映在伴侣的选择上，也反映在伴侣之间争夺优越地位的斗争中。竞争渗透到学校生活中，而且，也许更重要的是，它会渗透到家庭生活中，所以儿童毫无选择地自幼就要接受这一病毒。父亲和儿子的竞争，母亲和女儿的竞争，子女之间的竞争等，这些本身不是一种普遍的人类现象，而是人在受到文化制约的刺激后作出的反应。

弗洛伊德的伟大成就之一，就是他发现了家庭成员之间的竞争所产生的作用，他的俄狄浦斯情结概念和其他假说中都体现了这一点。但必须补充说明的是，决定这种竞争本身的并不是生物性，而是特定文化条件催生的；而且，家庭环境并非是刺激起这种竞争的唯一环境，一个人从生到死、从摇篮到坟墓，竞争性刺激都在积极活跃地发挥其作用。

人和人之间的这种潜在的敌对性紧张，直接导致了不断产生的恐惧——对他人潜在敌意的恐惧，而担心自己的敌意被别人报复又使得这种恐惧感加强。一个正常人恐惧的另一个重要来源是害怕遭遇失败。这是一种现实性的恐惧，因为通常来讲失败的可能性总是比成功的可能性大得多；而且，在充满竞争的社会里，失败就意味着要遭到各种实际的挫折。失败意味着经济上不安全，也意味着丧失名望、地位，以及各种负面情绪的打击。

成功那么令人向往的另一个原因，是对我们自尊心的影响。外人要根据我们取得的成功程度评价我们，连我们自己也要按照同样的方式评价自己。按照目前的意识形态，成功取决于我们所具备的素质，或者，站在宗教的角度说，成功是上帝赐福给我们的见证。事实上，成功取决于许多不受人为控制的因素，例如幸运的环境，恬不知耻的冒险举动等这类因素。即便这样，在目前的意识形态下，连最正常的人也会觉得，如果他成功，他就是有价值的；如果他失败，他就一文不值。很显然，这反映了我们的自尊心是建立在极不稳定的基础之上的。

竞争、人和人之间潜在的敌意、恐惧、岌岌可危的自尊心，这些因素共同在心理上起作用，导致了个人的孤独感。即使一个人和别人有很多接触和来往，即使他的婚姻幸福美满，他在情感上仍然是孤独的，如果这种孤独感和他缺乏自信心的犹豫彷徨、担惊受怕相吻合，就会酿成一场灾难。

正常人一旦出现这样的状态，就产生了用爱来作为一种补偿的强烈需要。获得爱让他感到不那么孤独，不那么缺乏自信和受到敌意的威胁减少。由于爱符合一种生命需要，于是在我们的文化中对爱的评价和强调不断升高。和成功一样，爱最终也变成一种虚幻的错觉，让人觉得它是一切问题的最后答案。尽管在我们的文化中，爱总是被用来满足各种与爱无关的愿望，但爱本身并不是一种幻象；之所以把爱搞得那么虚幻，是因为我们对它的期望太高，远高出它所能满足和实现的。我们的意识形态对爱所作的过分强调，掩盖了产生过分夸张的爱的需要的各种因素。所以，个体总是处在一种两难之境：需要大量的爱，又难以得到这样的爱。这也包括正常人。

目前为止，这种情形为神经症的形成和发展提供了有利的环境。那些对普通人产生影响的文化因素也在很大程度上对神经症病人发生影响，在他们身上，同样的后果表现得更加严重。在正常人身上，可能出现的后果表现为：备受打击的自尊心、隐藏的敌对性紧张、忧虑担心、包含恐惧和敌意的竞争心、对圆满人际关系的强烈需要；在神经症病人身上，这些后果则表现为：自尊心的崩塌、破坏性、焦虑、其焦虑和破坏性冲动越来越强烈的竞争心理，以及对爱的病态需要。

如果我们还记得，每种神经症中都包含着病人自身无法调和的矛盾倾向，我们就会提出这样的问题：难道我们的文化中就没有同样的矛盾？这些矛盾构成了典型的神经症冲突的社会文化基础。当然，社会学家的任务就是研究和描述这些文化矛盾，但对我说来，只需要简单地描述出某些主要的矛盾倾向就足够了。

首先，我们来看第一个矛盾，一方是竞争和成功，一方是友爱和谦卑，也就是这两者之间的矛盾。一方面，一切事物都在被用来鞭策我们前往成功，要求我们必须自信满满，甚至心狠手辣，把别人推到一边，让自己大踏步向前。而另一方面，我们又深深地被基督教理想影响，自觉不能自私自利，而是要谦卑忍让。对于这样的矛盾，正常范围内只有两种解决办法：一是只认可其中一种并为之努力，绝不考虑另一种；二是同时接受这两种信念，然后在两个方向上都产生严重的抑制倾向。

再来说第二个矛盾，即我们的各种需要带来的刺激和在满足需要时遭遇的实际挫折之间的矛盾。在我们的文化中，受经济影响，我们的需要不断地收到类似“高消费”“向别人看齐”等广告宣传的刺激。但对于大部分人而言，想要满足这些需要并不容易；对个人而言，由此而产生的心理后果，正是欲望与实现欲望之间的差距和脱节。

最后一个矛盾，它存在于所谓的个人自由和其受到的一切局限之中。社会告诉个人，他是自由的、独立的，完全可以按照自己的意志决定生活；人生的舞台已经为他搭建好，如果他聪明肯干，就能够得到自己希望得到的一切。事实上，对大多数人说来，所有的这些“可能”都会受到实际的限制。我们常说的“我们不可能选择自己的父母”这句话，完全可以推广到全部生活领域。例如我们不可能选择或成就某项职业，不可能选择消遣娱乐的方式，不可能选择一个伴侣。对个人而言，这些“不可能”产生的直接结果就是内心的动荡，一方面认为自己有无穷的力量来决定自己的命运，另一方面却又感到彻底的无能为力。

这些隐藏在我们文化中的矛盾，恰恰就是神经症病人竭力要加以调和的内心冲突：他的攻击倾向和妥协倾向的冲突，他要求过多和担心一无所有的恐惧心理的冲突，自我扩张、自我吹捧和自身软弱感之间的冲突。和正常人不同的也只是程度上的差别。正常人能够在不损害自己人格的前提下应付这些困境；而神经症病人的内心冲突太过强烈，所以很难找到令人满意的解决方法。

那些可能成为神经症病人的人，就像是用一种过分强调的方式体验了这些由文化产生的困境，并且往往以童年时代的经历为媒介，因此要么无法解决这些困境，要么就算解决了这些困境，也要付出人格上的巨大代价。由此，我们才说神经症病人正是我们当今文化的副产物。